高等学校教材

分析化学实验

鲁润华　张春荣　周文峰　主编

化学工业出版社

·北京·

全书共分六个部分：分析化学实验基本知识、分析化学实验基本操作、常用分析仪器的使用、分析化学基本实验、分析化学拓展实验、分析化学综合设计实验等。本书收入基本实验24个，拓展实验15个，综合及设计实验13个。基本实验和拓展实验可供选择的余地较大，根据具体教学情况可分别作为必做或选做实验。综合设计实验对提高学生的综合实验技能大有益处，还可作为硕士研究生化学基本科研训练的内容。

本书可作为高等农、林院校学生的实验教材，同时，也适用于理、工、医以及化学等专业学生使用，本教材还可供从事相关专业的技术人员学习、参考。

图书在版编目（CIP）数据

分析化学实验/鲁润华，张春荣，周文峰主编．—北京：
化学工业出版社，2012.1
高等学校教材
ISBN 978-7-122-12999-4

Ⅰ．分…　Ⅱ．①鲁…②张…③周…　Ⅲ．分析化学-化学
实验-高等学校-教材　Ⅳ．O652.1

中国版本图书馆 CIP 数据核字（2011）第 261201 号

责任编辑：宋林青　　　　　　　　　文字编辑：杨欣欣
责任校对：陈　静　　　　　　　　　装帧设计：史利平

出版发行：化学工业出版社(北京市东城区青年湖南街13号　邮政编码100011)
印　　刷：北京云浩印刷有限责任公司
装　　订：三河市宇新装订厂
710mm×1000mm　1/16　印张 11¾　字数 229 千字
2012 年 2 月北京第 1 版第 1 次印刷

购书咨询：010-64518888(传真：010-64519686)　　售后服务：010-64518899
网　　址：http://www.cip.com.cn
凡购买本书，如有缺损质量问题，本社销售中心负责调换。

定　　价：18.00 元

《分析化学实验》编写组

主　　编：鲁润华　张春荣　周文峰

副 主 编：彭庆蓉　熊艳梅　张　莉

编写人员（以姓氏笔画为序）：

王红梅　王金利　毛朝殊　刘　霞

李　静　张　莉　张三兵　张佩丽

张春荣　周文峰　饶震红　袁德凯

高海翔　彭庆蓉　鲁润华　熊艳梅

前　言

　　分析化学实验是一门独立的实践性极强的基础实验课程，是培养学生严谨的科学态度、良好的实验作风、过硬的化学实验技能与专业素质的最基础的实践环节。

　　本书是为深化基础课程教学改革，创建精品课程，培养适应 21 世纪社会发展需要的人才而编写的。编者根据当前教学改革的精神，结合多年的实践教学经验，以"整体优化"和"内容更新"为出发点，强化了分析化学实验课在传授基础知识、培养基本能力和提高综合素质方面的作用。

　　本书注重与理论教材的相互融合及互补，使实验课既自成体系，又与理论课互为依托，相辅相成，并注意实验课程和实验教材自身的衔接，强调系统性与相对独立性。

　　本书的编写以加强基础训练和注重能力培养为主线，按照由浅入深、循序渐进的认识规律，将所选实验分成基础实验、拓展实验、综合设计实验三个层次，旨在使学生掌握化学实验的基本常识及操作技能、充分运用分析化学基本原理，达到夯实基础、全面提高学生综合素质的效果。另外，还添加了体现学科发展动态的仪器分析实验内容，如液相色谱、液液微萃取、毛细管电泳等拓展实验，这是本书的亮点之一。同时，注重普通化学实验和分析化学实验二者之间内容的衔接，将化学物质的"制备—组成—结构—性能检测"完整地融为一体。加入学生自主设计性实验，培养学生综合运用知识的能力与创新精神。

　　本书共分 6 章，参加本书编写的有（按姓氏笔画）：王红梅（实验 11、12、15、35）、刘霞（实验 23）、李静（实验 9、10、30、46 之 5~7）、张莉（实验 1、2、7、16、36、40、41）、张三兵（实验 6、8、28、34、45）、张春荣（1.1、1.2、2.1~2.4、2.6~2.8、3.1、3.2、实验 4、25、31、附录）、周文峰（2.5、3.5、实验 3、4、5、13、14、19、20、44）、袁德凯（实验 19、26、33、46 之 1~4）、高海翔（实验 42）、彭庆蓉（实验 21、22、24、27、39）、鲁润华（3.3、3.4、实

验 37、38、43)、熊艳梅（实验 17、18、29、32）。参加编写、修改的还有中国农业大学化学实验教学中心的饶震红、毛朝姝、张佩丽、王金利。全书由三位主编共同统稿和定稿。

本书在编写过程中参阅了一些兄弟院校的教材并汲取了部分内容，同时，得到了化学工业出版社及中国农业大学化学实验教学中心的大力支持和帮助，在此一并致谢。

由于编者水平所限，书中难免有疏漏和不妥之处，敬请读者提出宝贵意见。

编者

2011 年 11 月于北京

目　　录

分析化学实验课的任务和要求

分析化学是一门实践性非常强的学科，分析化学实验的内容与分析化学及无机化学紧密相连，并具有自己的特点，因此分析化学实验作为一门独立的课程开设。

通过本课程的学习，学生可以加深对分析化学基本概念和基本理论的理解；在了解无机物的一般分离、提纯及制备方法的基础上，熟悉物质组成含量的各种分析方法；正确和熟练地掌握常用仪器的使用、基本操作和技能；树立准确的"量"的概念；学会正确获取实验数据、正确处理数据和表达实验结果；培养独立思考、独立解决问题的能力及良好的实验素养，为后续课程的学习、参加科学研究及实际工作打下坚实的基础。

为了学好实验课内容，学生应注意以下事项。

1. 课前预习

实验课前应认真预习，明确实验目的和要求，弄清实验原理及方法，了解实验步骤和注意事项，做到心中有数。预先写好实验报告的有关内容，列好表格，查好有关数据。

2. 实验过程中做到

① 实验时严格按照规范操作进行，仔细观察现象，认真思考，学会运用所学理论知识解释实验现象，解决实验中出现的问题。

② 认真及时地记录实验现象及测量数据。一切测量的原始数据均应真实地记录在实验报告本上，不得随意乱记和涂改。

③ 严格遵守实验室规则，注意安全操作。要随时保持实验台面及整个实验室的清洁整齐。

④ 养成严谨的科学态度和实事求是的科学作风，切不可弄虚作假，随意修改数据。如遇实验失败或产生的误差较大时，应找出原因，经教师同意后重做实验。

3. 实验报告

实验报告是实验的记录和总结，实验完毕，应认真写好实验报告。实验报告格式应规范，字迹应端正、整齐、清洁。

1 分析化学实验基本知识

1.1 实验室常识

1.1.1 实验室规则

为维护实验室的正常秩序，保证实验顺利进行，防止发生意外事故，必须严格遵守实验室规则。

① 实验室要保持安静，不得嬉戏喧哗。

② 实验台面要保持清洁，台面及实验柜内的仪器要摆放整齐。实验完毕，应及时洗净所用仪器，不应收藏不干净的仪器，因为污物干涸后，洗涤就比较困难。

③ 保持水槽干净，切勿往水槽中乱扔杂物。火柴头、废纸片、碎玻璃等应投入废物箱，废酸和废碱应小心倒入废液缸内。

④ 要爱护试剂。称取药品后，及时盖好原瓶盖，放回原处；所有配好的试剂都要贴上标签，注明名称、浓度及配制日期。注意节约药品、水、电和煤气。

⑤ 要爱护实验室的仪器设备。损坏仪器应及时补领或赔偿。使用精密仪器时，应严格遵守操作规程，不得任意拆装和搬动。用毕，应登记，请教师检查签字。

⑥ 实验完毕，应请教师检查仪器、桌面，交报告本，然后离开实验室。学生轮流值日，负责打扫和整理实验室。最后应检查自来水和煤气开关是否关紧，电源是否切断。关闭窗户。经教师检查合格后，值日生方可离开实验室。

1.1.2 实验室安全规则

在分析化学实验中，经常使用易碎的玻璃仪器，易燃、易爆、有腐蚀和有毒性的化学药品，电器设备及煤气等。如操作不当，则会影响实验的正常进行，甚至危及人身安全，给国家财产造成重大损失。因此，必须严格遵守实验室规则。

① 实验室严禁饮食、吸烟，一切化学药品禁止入口。实验完毕应洗手。

② 使用电器设备应特别细心，切不可用湿润的手去开启电闸和电器开关。凡是漏电的仪器不要使用，以防触电。电源打开后，如发觉无电必须立即关闭。

③ 使用铬酸洗液、浓酸、浓碱、溴等强腐蚀性试剂时，切勿溅在皮肤和衣服上。如溅到身上应立即用水冲洗，溅到实验台上或地上时要用水稀释后擦掉。

要注意保护眼睛，必要时应戴上防护眼镜。

④ 遇有下列情况，应在通风橱内操作：使用 HNO_3、HCl、$HClO_4$、H_2SO_4 等浓酸及实验过程中产生有刺激性或有毒气体（如 H_2S、Cl_2、Br_2、NO_2、CO 等）。

⑤ 使用剧毒药品如 KCN、As_2O_3、$HgCl_2$ 时，应格外小心！用过的废液切不可倒入下水道或废液桶中，要回收集中处理。

⑥ 使用乙醚、乙醇、丙酮、苯等易燃有机试剂时，应远离火源，用后盖紧瓶塞，置阴凉处保存。钾、钠和白磷等在空气中易燃烧的物质，应隔绝空气存放。钾、钠保存在煤油中，白磷保存在水中，取用时应使用镊子。

⑦ 加热试管中的液体时，切不可将管口对着自己或他人，也不可俯视正在加热的液体，以防液体溅出伤人。不可用鼻子直接对着瓶口或试管口嗅闻气体的气味，应当用手轻轻扇动使少量气体逸出进行嗅闻。

1.1.3 实验室中意外事故的紧急处理

实验过程中如不慎发生意外事故，应及时采取救护措施，处理后受伤严重者应马上送医院医治。

① 酸腐伤 马上用大量水冲洗，然后用饱和 $NaHCO_3$ 溶液或肥皂水冲洗，最后再用水冲洗。如果酸液溅入眼内，应立刻用大量水冲洗，然后用 2% $Na_2B_4O_7$ 溶液洗眼，最后再用蒸馏水冲洗。

② 碱腐伤 先用大量水冲洗，然后用 2% HAc 溶液冲洗，最后用水冲洗干净并涂敷硼酸软膏。如果碱液溅入眼内，应马上用大量水冲洗，再用 3% H_3BO_3 溶液冲洗，最后用蒸馏水冲洗。

③ 溴腐伤 用乙醇或 10% $Na_2S_2O_3$ 溶液洗涤伤口，再用水冲洗干净，然后涂敷甘油。

④ 磷灼伤 先用 5% $CuSO_4$ 溶液或 $KMnO_4$ 溶液洗涤伤口，然后用浸过 $CuSO_4$ 溶液的绷带包扎。

⑤ 烫伤 切不可用水冲洗，应在烫伤处涂烫伤膏或万花油。

⑥ 割伤 马上用消毒棉棒揩净伤口，涂上红药水，洒上消炎粉或敷上消炎膏并用绷带包扎。

⑦ 吸入刺激性或有毒气体 吸入 Br_2、Cl_2、HCl 等气体时，可吸入少量酒精和乙醚的混合蒸气以解毒。若吸入 H_2S 气体而感到不适时，应马上到室外呼吸新鲜空气。

⑧ 触电 立即切断电源。必要时进行人工呼吸。

⑨ 起火 根据起火原因立即采取灭火措施。首先切断电源，移走易燃药品。有机溶剂和电器设备着火，马上用四氯化碳灭火器、专用防火布、干粉等灭火，切不可用水或泡沫灭火器灭火。

1.2 化学试剂的一般知识

1.2.1 一般试剂

实验室最普遍使用的试剂为一般试剂，可分为四个等级，其规格及适用范围见

表 1-1。

表 1-1　一般试剂规格及用途

级别	中文名称	英文标志	标签颜色	主要用途
一级	优级纯	GR	绿	精密分析实验
二级	分析纯	AR	红	一般分析实验
三级	化学纯	CP	蓝	一般化学实验
生物化学试剂	生化试剂生物染色剂	BR	咖啡色或玫瑰色	生物化学及医学化学实验

指示剂也属于一般试剂。此外，还有标准试剂、高纯试剂、专用试剂等。

按规定，试剂瓶的标签上应标示试剂名称、化学式、分子量、级别、技术规格、产品标准号、生产许可证号（部分常用试剂）、生产批号、厂名等，危险品和毒品还应给出相应的标志。

1.2.2　试剂的选用

应根据实验要求，本着节约的原则，合理选用不同级别的试剂。在能满足实验要求的前提下，尽量选用低价位的试剂。

1.2.3　试剂的保管

试剂应保存在通风、干燥、洁净的房间里，防止污染或变质。氧化剂、还原剂应密封、避光保存。易挥发和低沸点试剂应置于低温阴暗处。易侵蚀玻璃的试剂应保存于塑料瓶内。易燃易爆试剂应有安全措施。剧毒试剂应由专人妥善保管，用时严格登记。

2 分析化学实验基本操作

2.1 玻璃仪器的洗涤及干燥

2.1.1 玻璃仪器的洗涤

分析化学实验中经常使用各种玻璃器皿，洗净的玻璃器皿应透明，其内壁应能被水均匀地润湿而不挂水珠。

一般的器皿如烧杯、试剂瓶、锥形瓶等可用自来水或适当的洗涤液浸泡刷洗，污染严重时可用热的洗涤剂水溶液刷洗，然后用自来水冲洗，最后用少量蒸馏水冲洗内壁2～3次，以除去残留的自来水。自来水和蒸馏水都应按少量多次的原则使用。

滴定管、容量瓶、移液管等，由于其容量精确、形状特殊，不宜用普通刷子机械地摩擦其内壁（可用专用刷）。通常是用铬酸洗液浸泡内壁，然后依次用自来水和蒸馏水冲洗，其外壁用毛刷沾去污粉刷洗。

光度分析用的吸收池（比色皿）被有色溶液或有机试剂染色后，应用盐酸-乙醇洗涤液浸泡内外壁后再用自来水及蒸馏水洗净。

2.1.1.1 常用洗涤剂

（1）去污粉

去污粉是实验室最普通的洗涤剂，一般的器皿可用毛刷沾去污粉反复刷洗。

（2）铬酸洗液

称取25g工业用或化学纯 $K_2Cr_2O_7$ 置于烧杯中，加50mL水，加热搅拌，溶解后，边搅拌边缓慢沿杯壁加入450mL工业用浓 H_2SO_4（注意：刚开始加 H_2SO_4 要特别缓慢，防止剧烈放热而溅出，最好带上橡胶手套操作），冷却后转入细口玻璃试剂瓶中，盖紧。新配好的洗液呈棕红色。铬酸洗液具有强氧化性和强酸性，适于洗去无机物和某些有机物。使用时应注意：

① 太脏或盛过有机物的仪器应先用自来水洗一遍。加洗液前应尽量倒尽仪器内的水，以防洗液被稀释。

② 洗液可反复使用，用后倒回原瓶并盖紧，以防吸水。当洗液由棕红色变为绿色（Cr^{3+} 颜色）时，即失效。可再加入适量 $K_2Cr_2O_7$，加热溶解后可继续使用。

③ 洗液腐蚀性很强，使用时应特别小心，不要溅在手、衣物、实验台或地上，一旦溅上，应马上用自来水冲洗擦净。

④ 六价铬毒性较大，大量使用会污染环境。能用其他洗涤剂洗净的仪器尽量不使用铬酸洗液。

（3）酸

由化学纯盐酸与水按 1：1 的体积比混合，亦可加入少量草酸。该液为还原性强酸洗涤剂，用于洗去多种金属氧化物和金属离子。

（4）盐酸-乙醇溶液

由化学纯盐酸与乙醇按 1：2 的体积比混合，主要用于洗涤被染色的吸收池、比色管、吸量管等。

2.1.1.2 用超声波洗涤

超声波清洗只需要一次处理即能达到要求，既节省溶剂，提高效率，又减少环境污染，目前应用范围较广。超声波清洗仪型号各异，可根据需要进行选择。

2.1.2 玻璃仪器的干燥

如果洗净的玻璃仪器需要干燥，可采用下述几种方法：

① 用丙酮、乙醇等有机溶剂快速干燥　对于不能用高温加热方法干燥的、带有刻度的容量仪器，如移液管、吸量管、容量瓶、滴定管等，如需干燥时，可将仪器用少量丙酮或酒精等有机溶剂淋洗一遍后，倾出含水混合液（应回收），晾干。

② 吹干　用电吹风机热风直接吹干。

③ 晾干　不急用的仪器，可将其洗净后倒置于洁净的仪器架上晾干。

④ 烘干　把洗净的仪器放在电热烘箱中，温度控制在 105℃左右烘干。此法不能用于精密度高的容量仪器。待烘干的仪器放入烘箱前应尽量把水倒净，并在烘箱的最下层放一个搪瓷盘，防止仪器上滴下的水珠落入电热丝中，烧坏电热丝。

⑤ 烤干　能加热的仪器可以直接在煤气灯上小火烤干。该法适用于试管、烧杯、蒸发皿等。

2.2　化学试剂的取用方法

2.2.1　固体试剂的取用方法

固体试剂的取用一般用牛角匙或不锈钢匙。匙使用前应洗净擦干。取用试剂时应专匙专用，千万不可交叉使用。匙的两端一大一小，取量大时用大匙一端，取量少时用小匙一端。取用完试剂后应立即盖严瓶塞，将试剂瓶放回原处。

在台秤或分析天平上称量固体试剂时，试剂不能直接放在秤盘上，应垫上纸或表面皿。对于腐蚀性或易潮解的固体试剂应放在表面皿或小烧杯中称量。试剂量应按要求称取，不要多称，以免造成浪费。

2.2.2　液体试剂的取用方法

从细口试剂瓶中倒取液体试剂时，一般用左手拿住盛接容器（试管或量筒等），右手掌心向着标签握住试剂瓶，让瓶口紧靠盛接容器的边缘慢慢倾倒（图 2-1）。倒够所用试剂量时，试剂瓶应在容器上靠一下，再使瓶子竖直，这样可使试剂瓶

图 2-1　往试管中倒取液体试剂

图 2-2　往烧杯中倒入液体试剂

口残留的试剂顺着盛接容器的内壁流入容器内，而不致沿试剂瓶外壁流下。如盛接容器是烧杯，则应左手持玻璃棒，让试剂瓶口靠在玻璃棒上，使溶液顺玻璃棒流入烧杯。倒毕，应将试剂瓶顺玻璃棒向上提一下再离开玻璃棒，使瓶口残留的溶液顺玻璃棒流入烧杯（图 2-2）。

从滴瓶中取用试剂时，应先将滴管提至液面以上，挤压胶头排出空气，然后再伸入液体中，放松胶头吸入试剂，取出滴管。滴管管尖垂直放在试管口上方，挤压胶头，使溶液垂直滴入试管中。试管应垂直不要倾斜。滴管不可伸入试管内，以免沾污滴管（图 2-3），滴管用毕要立即插回原瓶，要专管专用。滴管不可取出倒置，以免其中的溶液流入胶头而被污染，更不可随意乱放和用自己的滴管随意去取滴瓶中的试剂，以免沾污或搞错。

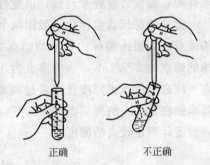

正确　　　　不正确

图 2-3　往试管中滴加液体试剂

2.3　常用度量仪器

2.3.1　量筒

量筒是用以量取液体体积的仪器。可根据不同的需要选用不同容量的量筒。应使所量取溶液的体积与量筒的容量相接近。如量取 8.0mL 的液体时，应使用 10mL 的量筒，产生的测量误差为 ±0.1mL。如使用 100mL 的量筒，则会产生 ±1mL 的测量误差。

使用量筒量取液体体积读数时，应使视线与量筒内凹液面下缘最低点处于同一水平切线上（图 2-4）。

2.3.2　温度计

实验室中常用水银温度计测温。水银温度计是把水银封固于玻璃毛细管中制成的。常用的三种规格为 0～100℃、0～250℃、0～360℃，精度为 0.1℃。刻度为 0.1℃ 的温度计精度为 0.01℃。

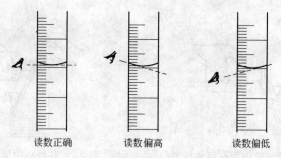

| 读数正确 | 读数偏高 | 读数偏低 |

图 2-4　量筒的读数方法

边加热液体边测其温度时，应将温度计固定在一定位置上，使水银球完全浸入液体中。不可使水银球靠在容器壁上或接触容器底部。

不可将温度计当搅棒使用；刚测过高温的温度计不可马上用冷水冲洗，以免玻璃炸裂；温度计应轻拿轻放，以免打碎。温度计用毕要及时装入温度计套中。

温度的标尺或温标，一般用两个固定的温度点：在 101325Pa 下冰的熔点和水的沸点。在摄氏温标中，冰的熔点为 0℃，水的沸点为 100℃；在热力学温标中，冰的熔点为 273.15K，水的沸点为 373.15K。两点间均分为 100 等分。

应避免用水银温度计测量过高或过低的温度，因为玻璃的软化点约为 450℃，而水银在常压下的凝固点为－39℃，沸点为 365.7℃。一般使用电阻温度计或热电偶温度计测量较高的温度。

2.4　加热装置与加热方法

实验室中常采用各种灯具和电热设备作为加热装置。

2.4.1　酒精灯

因大家都比较熟悉其使用，在此不再赘述。

2.4.2　酒精喷灯

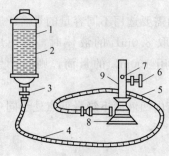

图 2-5　酒精喷灯
1—酒精；2—酒精贮罐；3—活塞；
4—橡皮管；5—预热盆；6—开关；
7—气孔；8—灯座；9—灯管

酒精喷灯（图 2-5）的燃料是酒精，它是先将酒精汽化后与空气混合才燃烧的，其火焰温度可达 900℃ 左右。

挂式酒精喷灯构造如图 2-5 所示。用时把酒精贮罐挂在 1.5m 高的地方。灯管下部为一预热盆，盆的下方有一支管，通过橡皮管与挂在高处的酒精贮罐相通。使用时操作步骤如下：

① 打开活塞 3，使预热盆 5 中装满酒精。

② 点燃预热盆中酒精，烧热灯管，当盆中酒精近干时，灯管已被灼热。

③ 点燃火柴移至灯前：打开开关 6，从贮罐 2 流入热灯管 9 中的酒精立即汽化并与从气孔 7 进来的空气混合，即可点燃。

④ 调节开关 6 可控制火焰的大小。

⑤ 使用毕，关闭开关 6，火焰熄灭。

2.4.3 电炉、电热板、马弗炉

用电炉加热时，容器与电炉之间应隔一块石棉网，使容器受热均匀，以免炸裂。电热板的加热面积比电炉大，可用于加热体积较大或数量较多的试样。

马弗炉也叫高温炉，其温度可达 1000℃ 以上，用电热丝或炭棒加热。其炉膛为长方体，有一炉门，通过炉门放入待加热的坩埚或其他耐高温的容器。

2.4.4 加热方法

实验室中采用各种加热装置加热时，可采用下述各种不同的加热方法。

（1）直接加热试管中的液体或固体

直接加热试管中的液体时，要把试管外壁擦干，用试管夹夹住试管中上部，管口向上倾斜（图 2-6），管口不得对着他人或自己，防止液体沸腾时溅出烫伤人。液体加入量应低于试管高度的 1/3。加热时先加热液体的中上部，再慢慢往下移动，然后不时上下移动，以使受热均匀。

直接加热试管中的固体时，试管口要稍稍向下倾斜，略低于试管底（图 2-7），以防冷凝的水滴倒流入试管的灼热部位而导致试管破裂。

（2）直接加热烧杯、烧瓶等容器中的液体

加热时要把容器放在石棉网上（图 2-8），防止受热不均匀而导致容器破裂。烧杯中的液体不得超过其容量的 1/2，烧瓶中的液体不得超过其容量的 1/3。加热时应适当搅动溶液，使受热均匀。

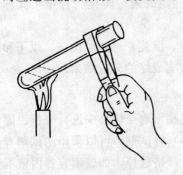 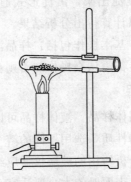 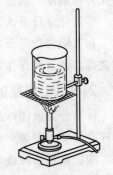

图 2-6　加热试管中液体　　　图 2-7　加热试管中固体　　　图 2-8　加热烧杯中液体

（3）水浴加热

如果被加热的物质要求受热均匀且温度不能超过 100℃，这时可采用水浴加热。加热可在水浴锅上进行，也可用大烧杯代替水浴锅使用（图 2-9）。水浴锅中

的水量不得超过其容量的 2/3。把盛有溶液的蒸发皿或试管放在水浴锅上，用加热装置加热水浴锅中的水至所需温度，再利用热水或水蒸气加热蒸发皿或试管。

（4）油浴与砂浴加热

如果被加热的物质要求受热均匀且温度高于 100℃ 时，一般采用油浴或砂浴加热。

油浴是用油代替水浴锅中的水，油浴的最高温度决定于所用油的沸点。甘油浴用于 150℃ 以下的加热，液体石蜡浴用于 200℃ 以下的加热。使用油浴应防止着火。

把细砂装在铁盘内即做成砂浴。被加热的器皿埋在砂子中（图 2-10）。用煤气灯加热。测量温度时应把温度计埋入靠近器皿的砂中，不能触及底部。

图 2-9　水浴加热

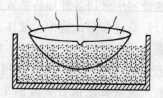
图 2-10　砂浴加热

2.5　重量分析基本操作技术

重量分析法是化学分析中重要的经典方法，采用适当方法将被测组分从试样中离析出来，通过称量其质量，计算出被测组分的含量。重量法分为沉淀重量法、气体重量法（挥发法）和电解重量法。最常用的重量法是沉淀重量法，待测组分以难溶化合物的形式从溶液中沉淀出来，沉淀形式通过一定处理后转化为称量形式称重，通过化学计量关系可以计算得出分析结果。

在沉淀法重量分析中，基本操作包括：样品溶解、沉淀、过滤、洗涤、烘干和灼烧等。涉及的操作每一步都需认真操作，否则会影响最终的分析结果。

2.5.1　样品的溶解

样品分为液体样品和固体样品。液体样品可以直接量取至烧杯中进行分析。固体样品需要根据被测试样的性质，选用不同的溶（熔）解试剂。可以采用的试剂有水、酸、碱和熔融盐等。分析所用的玻璃仪器应经过严格选择，如玻璃容器内壁不能有划痕、烧杯、玻璃棒、表面皿的大小要适宜（玻璃棒两头应稍圆，长度应高出烧杯 5～7cm，表面皿的大小应大于烧杯口）。

溶解水溶性试样操作：将样品称于烧杯中，用表面皿盖好。如果试样溶解时不产生气体则在溶解时取下表面皿，凸面向上放置。慢慢沿杯壁或沿下端紧靠杯内壁的玻璃棒加入试剂，之后用玻璃棒搅拌试样使其溶解。将玻璃棒放在烧杯嘴处（此玻璃棒不能作他用），将表面皿盖在烧杯上。试样溶解需加热或蒸发时，应在水浴锅内进行，但温度不可太高。烧杯上必须盖上表面皿，以防溶液暴沸或迸溅。加热、蒸发停止时，用洗瓶洗表面皿或烧杯内壁。

如果试样溶解时产生气体，则需要先用少量蒸馏水润湿样品，表面皿凹面向上盖在烧杯上，沿玻璃棒将试剂从烧杯嘴与表面皿之间的孔隙缓慢加入，加完试剂后，用蒸馏水吹洗表面皿的凸面，使其沿烧杯内壁流入烧杯中，并用洗瓶吹洗烧杯内壁。

2.5.2 试样的沉淀

重量分析要求沉淀尽可能完全，所得沉淀尽可能纯净，因此，实验操作必须非常严格按操作规程进行。应按照沉淀的类型选择合适的沉淀条件。如溶液的体积、酸度、温度，加入沉淀剂的数量、浓度，加入顺序、速度，搅拌速度，是否需要陈化以及陈化时间等。用量筒量取液体试剂；用 1/1000 电子天平称取固体试剂。沉淀所需试剂溶液浓度准确到 1% 即可。

根据沉淀的类型不同，选用不同的操作方法。

"稀、热、慢、搅、陈"五字原则适用于晶形沉淀的形成。稀：试样及沉淀剂溶液配制要适当稀释；热：在热溶液中进行；慢：沉淀剂要缓慢加入；搅：要用玻璃棒不断搅拌；陈：沉淀完全后需要陈化。

生成沉淀时，一般用左手拿滴管，滴管口接近液面缓慢滴加沉淀剂。右手持玻璃棒不断搅动溶液。玻璃棒不能碰烧杯内壁和烧杯底，搅拌速度要适宜。加热时一般在水浴或电热板上进行，不能使溶液沸腾。

沉淀是否完全的检查：将带沉淀的溶液静置，待上层溶液澄清后，在上清液中滴加一滴沉淀剂，观察滴落处是否浑浊。如有浑浊则表明沉淀不完全，还需补加沉淀剂，直至再次检查时上层清液保持清亮。

经检查沉淀完全后，盖好表面皿，根据需要采用常温放置一段时间或在水浴上保温静置一段时间的方法进行陈化。

形成非晶型沉淀时条件和操作与晶形沉淀不同，此处不再详细介绍。

2.5.3 沉淀的过滤和洗涤

通过过滤使沉淀与过量的沉淀剂及其他杂质组分分开，通过洗涤将沉淀转化为纯净的单组分。实验中应根据沉淀的性质选择适当的过滤仪器。一般需要灼烧的沉淀物，常在玻璃漏斗中用滤纸进行过滤和洗涤；不需称量的沉淀或烘干后即可称量或热稳定性差的沉淀，在微孔玻璃漏斗内进行过滤。过滤和洗涤必须不间断地一次性完成，不得造成沉淀的损失。

2.5.3.1 过滤前的准备

（1）滤纸

滤纸分定性滤纸和定量滤纸两种，重量分析中常用定量滤纸进行过滤。定量滤纸灼烧后灰分极少，一般小于 0.0001g，产生的灰分质量可以忽略不计，若灰分质量大于 0.0002g，则需扣除其质量。一般市售定量滤纸都注明了每张滤纸的灰分质量供参考。

定量滤纸一般为圆形，按滤速可分为快、中、慢速三种，按直径有 11cm、9cm、7cm 等几种规格。选择滤纸的大小根据是：沉淀物完全转入滤纸中后，高度不超过滤纸圆锥高度的 1/3 处。表 2-1 是国产定量滤纸的灰分质量，表 2-2 是国产定量滤纸的类型。

表 2-1 国产定量滤纸的灰分质量

直径/cm	7	9	11	12.5
灰分/g·张$^{-1}$	3.5×10^{-5}	5.5×10^{-5}	8.5×10^{-5}	1.0×10^{-4}

表 2-2 国产定量滤纸的类型

类型	滤纸盒上色带标志	滤速/s·(100mL)$^{-1}$	适用范围
快速	白色	60～100	无定形沉淀，如 $Fe(OH)_3$、$Al(OH)_3$、H_2SiO_3
中速	蓝色	100～160	中等粒度沉淀，如 $MgNH_4PO_4$、SiO_2
慢速	红色	160～200	细粒状沉淀，如 $BaSO_4$、$CaC_2O_4 \cdot 2H_2O$

四折法折叠滤纸：将手洗干净后揩干，将滤纸对折后再对折（图 2-11），此时先不压紧，把滤纸放入漏斗中观察滤纸是否与漏斗内壁紧密贴合，若未紧密贴合可以适当改变滤纸折叠角度，与漏斗贴紧后把第二次的折边压紧。取出滤纸，将半边为三层滤纸的外层折角撕下一块，撕下来的那一小块滤纸保存备用。

（2）长颈漏斗

使用的长颈漏斗各部分参数如图 2-12 所示。滤纸和漏斗的相对大小应为：折叠后滤纸的上缘低于漏斗上沿约 0.5～1cm。

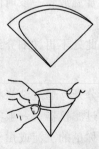

图 2-11 滤纸的折叠

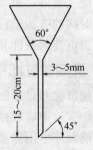

图 2-12 漏斗

在过滤过程中当漏斗中水全部流尽后，颈内水柱仍能保留且无气泡，则可以加快过滤速度。将叠好的滤纸三层的一边放在漏斗出口短的一边，用食指按紧，用洗瓶吹入少量水润洗后，轻轻压按滤纸边缘，使滤纸与漏斗之间没有气泡，加水至滤纸边缘，漏斗颈内全部被水充满，当漏斗中水全部流尽后，颈内水柱仍能保留且无气泡，就形成了水柱。如果不能形成完整的水柱，可用手指堵住漏斗下口，掀起滤纸三层的一边，向滤纸与漏斗间的空隙加入少量水，用水将漏斗颈和锥体的大部分充满后，按紧滤纸边，放开漏斗下口，则可形成水柱。

冲洗滤纸时，将漏斗放置在漏斗架上，漏斗出口长的一边靠近盛接滤液的洁净烧杯内壁。过滤过程中漏斗颈的出口不能接触滤液。漏斗和烧杯上均盖好表面皿。

2.5.3.2　倾泻法过滤和初步洗涤

沉淀的过滤、转移、洗涤应连续完成，中间不能有间断。

过滤时为避免沉淀堵塞滤纸的空隙，影响过滤速度，采用倾泻法，把清液尽可能滤去并初步洗涤烧杯中的沉淀。

倾斜静置烧杯至沉淀下降，将上层清液倾入漏斗中。将烧杯移到漏斗上方，提起玻璃棒，将玻璃棒下端轻碰一下烧杯壁，使悬挂的液滴流回烧杯中。将玻璃棒直立，贴紧烧杯嘴，下端对着滤纸的三层边，尽可能靠近但不接触滤纸。漏斗中倾入的溶液量不能超过满滤纸的 2/3，离滤纸上边缘至少 5mm，否则因毛细管作用少量沉淀会越过滤纸上缘，造成损失。如图 2-13 所示。倾泻溶液过程中如需暂停，为避免烧杯嘴上的液滴流失，应将烧杯沿玻璃棒向上提起，烧杯逐渐直立，烧杯和玻璃棒变为接近平行时，将玻璃棒移入烧杯中。玻璃棒放回时，勿搅混清液，也不能靠在烧杯嘴处。如果烧杯嘴处沾有少量沉淀将会导致烧杯内的液体不便倾出，可将玻璃棒稍向左倾斜，这样烧杯倾斜角度能更大。若在倾斜过程中发现有沉淀浑浊，则应静置烧杯，待烧杯中沉淀下沉后再次倾注。重复操作几次直至上清液倾完。带沉淀的烧杯放置如图 2-14 所示。

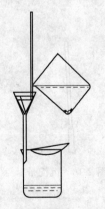

图 2-13　倾泻法过滤

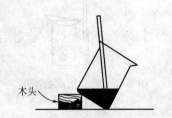

木头

图 2-14　过滤时带沉淀和溶液的烧杯放置方法

过滤过程中应随时检查滤液是否透明，如有穿滤现象（滤液不透明），必须及时更换另一个洁净烧杯盛接滤液。已接滤液需要在原来漏斗上再次过滤；如果是滤纸穿孔，则必须更换滤纸，重新过滤（用过的滤纸需保留，最后合并）。

倾注完成后，在烧杯中进行沉淀的初步洗涤。根据沉淀的类型来选择洗涤液。

对于晶形沉淀，为了减少沉淀的溶解损失通常选用冷的稀的沉淀剂洗涤。但沉淀剂为不挥发物质时，则必须用蒸馏水或其他合适的溶液。无定形沉淀选用热的电解质溶液作洗涤剂，一般采用易挥发的铵盐。溶解度较大的沉淀，选用沉淀剂加有机溶剂作为洗涤剂。

沿烧杯壁旋转加入约 15mL 洗涤液吹洗烧杯内壁，使沉淀集中在底部，用倾泻法倾出清液，重复 3～4 次。每一次都应该尽量把洗涤液倾倒尽。之后，加入少量洗涤液于烧杯中，将沉淀搅匀形成悬浊液，立即将沉淀和洗涤液通过玻璃棒转移至漏斗上。

2.5.3.3 沉淀的转移

沉淀洗涤后应全部倾入漏斗中。上步操作重复 2～3 次，将大部分沉淀都转移后，将玻璃棒横架在烧杯口上，下端放在烧杯嘴上超出杯嘴 2～3cm，左手食指压住玻璃棒上端，大拇指在前，其余手指在后，杯嘴向着漏斗，烧杯倾斜放在漏斗上方，玻璃棒下端指向滤纸三层的一边，吹洗烧杯内壁，使沉淀和溶液一起流入漏斗中（图 2-15）。如果有少许沉淀吹洗不下来，可用保留的滤纸角擦"活"。擦活：用水湿润滤纸角后，先擦玻璃棒，再用玻璃棒按住纸块旋转着自上而下擦烧杯壁上的沉淀，然后用玻璃棒将滤纸角拨出，放入漏斗中心的滤纸上，与主要沉淀合并。吹洗烧杯，把擦"活"的沉淀微粒洗入漏斗中。在明亮处仔细检查烧杯内壁、玻璃棒、表面皿上是否还有痕迹，如果还有痕迹则需重复操作。也可用沉淀帚（图 2-16）按照自上而下、从左向右的规律擦洗烧杯内壁上的沉淀，然后洗净沉淀帚。

图 2-15 转移沉淀的操作

图 2-16 沉淀帚

2.5.3.4 洗涤

即清洗烧杯和洗涤漏斗上的沉淀。

洗涤的目的是除去吸附在沉淀表面的杂质及残留溶液。如图 2-17 所示，洗涤应从滤纸的多重边缘开始，螺旋形地往下，到多重部分停止，即"从缝到缝"。这样沉淀洗得干净且可将沉淀集中到滤纸的底部。洗涤沉淀时的原则是少量多次。每次所用洗涤剂的量要少，以便于尽快沥干。如此反复多次，直至沉淀洗净。一般洗涤 8～10 次，或洗至流出液无待检验离子为止（检验方法：用小试管或小表面皿接取少量滤液，滴入沉淀剂，无沉淀生成，则已洗涤完毕，否则需继续洗涤）。

过滤和洗涤沉淀的操作必须不间断地一次完成，否则沉淀会粘成一团，就洗涤不干净了。盛着沉淀或盛着滤液的烧杯都应用表面皿盖好，以免落入灰尘。每次过滤后，应将漏斗盖好。

2.5.4 沉淀的干燥和灼烧

沉淀经适当的加热处理，即可获得组成恒定、与化学式表示组成完全一致的沉淀。

（1）干燥器 干燥器（图 2-18）是密闭厚壁玻璃器皿，具有带磨口的盖子。常用以保存称量瓶、坩埚、试样等物。底部放干燥剂，一般是变色硅胶或无水氯化钙。干燥剂上方搁置洁净的带孔瓷板。干燥器的磨口边缘涂一薄层凡士林使之能与盖子密合。干燥器中的空气只是湿度相对降低，并不是绝对干燥，灼烧和干燥后的坩埚和沉淀在干燥器中放置过久，会吸收少量水分而增加质量。坩埚可放在瓷板孔内。

使用干燥器时应注意下列事项：

① 打开干燥器时，应用左手按住干燥器下部，右手小心地把盖子稍微推开，等冷空气徐徐进入后，才能完全推开。盖子必须仰放在桌子上安全的地方，不能平扣在桌子上。打开盖子时不能往上掀。

② 搬移干燥器时，双手用大拇指紧紧按住盖子，如图 2-19 所示。

图 2-17　在滤纸上洗涤沉淀　　　图 2-18　干燥器　　　图 2-19　搬干燥器的操作

③ 太热的物体不能直接放入干燥器中。较热的物体放入干燥器后，空气受热膨胀会把盖子顶起来，应当用手按住盖子，并不时把盖子稍微推开（不到 1s），以放出热空气。

④ 灼烧或烘干后的坩埚和沉淀，不宜在干燥器内放置过久，否则会因吸收一些水分而使质量略有增加。

（2）坩埚的准备 在沉淀的干燥和灼烧前，必须预先准备好坩埚。先将瓷坩埚洗净烘干后编号，然后在与灼烧沉淀相同的温度下加热灼烧瓷坩埚。第一次灼烧坩埚 40min（新坩埚需灼烧 1h）。从马弗炉中取出坩埚，放置约 0.5min 后将坩埚移入干燥器中，不能马上盖严，要暂留一个小缝隙（约为 3mm），过 1min 后盖严。

15

将干燥器和坩埚一起在实验室冷却 20min 后，移至天平室冷却 20min，冷却至室温（各次灼烧后的冷却时间一定要保持一致）后方可取出称量。要快速称量以免受潮。第二次灼烧 20min，取出后和上次条件相同冷却后称量。如果前后两次称量结果之差不大于 0.3mg，即可认为坩埚恒重成功，否则还需再灼烧 20min，直到坩埚恒重。

（3）沉淀的包裹　按照图 2-20 中的（a）法或（b）法包晶形沉淀。将滤纸卷成小包将沉淀包好，用滤纸没有接触沉淀的部分，轻轻擦一下漏斗内壁，将可能粘在漏斗上部的沉淀微粒擦下。三层部分向上，把滤纸包放入已恒重的坩埚中，滤纸较易灰化。

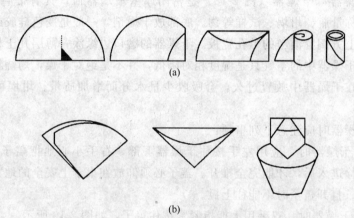

图 2-20　过滤后滤纸的折叠

（4）沉淀的干燥和灼烧　灼烧是指高于 250℃ 以上温度进行的处理，适用于用滤纸过滤的沉淀。沉淀的干燥和灼烧在恒重的坩埚中进行。沉淀和滤纸的烘干一般在电炉上进行。倾斜放置坩埚，三层滤纸部分朝上，盖上坩埚盖，留一些小空隙，在电炉上进行烘烤。稍加大火力，炭化滤纸。如遇滤纸着火，盖上坩锅盖，使坩埚内火焰熄灭（切不可用嘴吹灭），然后将坩埚盖移回，继续加热至全部炭化。注意火力不能突然加大，以免滤纸生成整块的炭。炭化后加大火焰灰化滤纸。滤纸灰化后全部呈灰白色。为了灰化坩埚壁上的炭，可以随时用坩埚钳夹住坩埚，每次转一极小的角度，以免沉淀飞扬。灰化后，将坩埚移入已恒温的高温炉中，灼烧 40min，其灼烧条件与灼烧空坩埚时相同。取出坩埚，按照要求冷却至室温，称重，然后进行第二次灼烧，直至坩埚和沉淀恒量。恒重，是指前后两次灼烧后的称量差值在 0.2～0.4mg 之内。一般第二次以后每次灼烧 20min。

从高温炉中取出坩埚时，一般先将坩埚移至炉口，红热稍退后，将坩埚取出放在洁净耐火板上。在夹取坩埚时应预热坩埚钳。坩埚冷至红热退去后，转至干燥器中，盖好盖子。随后须开启干燥器盖 1～2 次。坩埚冷却原则是冷至室温，一般需 30min 以上。每次灼烧、称量和冷却的时间都要一致。

2.6 天平与称量

2.6.1 天平的结构原理

天平是根据杠杆原理制造的。设有一杠杆 ABC，其支点为 B（图 2-21）。A、C 两端所受的力分别为 P 和 Q，P 为砝码质量，Q 为被称物体的质量。对于等臂天平，支点两边的臂长相等，即 $L_1 = L_2$。当杠杆处于水平平衡状态时，支点两边的力矩相等。

$$Q \times L_1 = P \times L_2$$
$$因为 \ L_1 = L_2$$
$$所以 \ Q = P$$

该式表明，在等臂天平处于平衡状态时，被称物体的质量等于砝码的质量。此即等臂天平的称量原理。

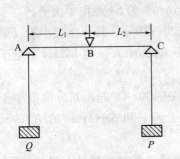

图 2-21 等臂天平原理

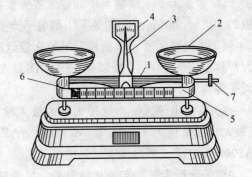

图 2-22 托盘天平

1—横梁；2—托盘；3—指针；4—刻度盘；
5—游码标尺；6—游码；7—平衡调节螺丝

2.6.2 托盘天平（台秤）

托盘天平的构造见图 2-22，用于粗略称量，可称准至 0.1g。使用方法如下：

① 调整零点　称量前应首先检查天平的指针是否指在刻度盘上正中间刻度处，此处为天平的零点。如不在零点，可通过平衡螺丝调节。

② 称量　称量时，称量物放在左盘，砝码放在右盘。10g 以上的质量通过砝码盒内的砝码添加，10g 以下的质量通过游码尺上的游码添加。添加砝码时应从大到小，当添加砝码到天平两边平衡时，指针停于中间位置为停点，停点与零点偏差不应超过 1 小格。

天平不能称量热的物质。称量物不能直接放在托盘上，应根据不同情况放在纸上或表面皿上。易吸潮或具腐蚀性的药品，则必须放在玻璃容器内。

③ 整理　称毕，砝码应放回砝码盒内，游码移到零刻度处，将托盘清扫干净。

2.6.3 电子天平

(1) 电子天平的原理

电子天平（图2-23）采用了现代电子控制技术，利用电磁力平衡原理实现称重，即测量物体时采用电磁力与被测物体重力相平衡的原理实现测量。由于电子天平没有机械天平的横梁，没有升降枢装置，全量程不用砝码，直接在显示屏上读数，所以具有操作简单、性能稳定、称量速度快、灵敏度高等特点。一般电子天平还具有去皮（净重）称量、累加称量、计件称量等功能，并配有对外接口，可连接打印机、计算机、记录仪等，实现了称量、记录、计算自动化。

(2) 电子天平的分类

电子天平按其精度可分为以下几类：

① 超微量电子天平　超微量天平的最大称量值是2～5g，其标尺分度值小于（最大）称量值的 10^{-6}，如 Mettler 的 UMT2 型电子天平等属于超微量电子天平。

② 微量天平　微量天平的称量值一般在3～50g，其分度值小于（最大）称量值的 10^{-5}，如 Mettler 的 AT21 型电子天平以及 Sartoruis 的 S4 型电子天平。

③ 半微量天平　半微量天平的称量范围一般在20～100g，其分度值小于（最大）称量值的 10^{-5}，如 Mettler 的 AE50 型电子天平和 Sartoruis 的 M25D 型电子天平等均属于此类。

④ 常量电子天平　此种天平的最大称量值一般在100～200g，其分度值小于（最大）称量值的 10^{-5}，如 Mettler 的 AE200 型电子天平和 Sartoruis 的 A120S、A200S 型电子天平均属于常量电子天平。

电子分析天平其实是常量天平、半微量天平、微量天平和超微量天平的总称。精密电子天平是准确度级别为Ⅱ级的电子天平的统称。

图2-23　电子天平

(3) 电子天平使用方法

① 检查：水平、电源、干燥剂。

② 校准：清盘，按"T"键（去皮键），使天平显示为0.0000g，按"CAL"键（校准键），天平显示"C"和占用符号"0"，此时将自校砝码置于秤盘上，等

待显示自校砝码值，并发出"嘟"声，天平校准完毕，并自动回复到称量状态。

③ 让秤盘空载单击"ON"键，天平显示自检，待天平稳定 30min 后进行称重。

④ 简单称量：样品放在秤盘上，显示值即为物品的重量。待数字稳定后读取称量结果。

⑤ 去皮：将空容器放在天平秤盘上，显示其重量值，单击去皮键，显示值回复到 0.0000g，向空容器中加样品，并显示净重值。天平显示"O"表示微处理机正在进行工作，请耐心等待。

⑥ 取出样品，切勿将样品散落在天平内。

⑦ 关机：恢复零点平衡，按住"OFF"键。

⑧ 关闭电源。

⑨ 填写使用记录。

注意事项：

① 使用前仔细阅读说明书。

② 使用过程中应保持天平室的清洁，勿使样品散落入天平室内。

③ 使用完毕要如实填写使用记录。

(4) 电子天平的维护与保养

① 将天平置于稳定的工作台上，避免振动、气流及阳光照射。

② 在使用前调整水平仪气泡至中间位置。

③ 电子天平应按说明书的要求进行预热。

④ 称量易挥发和具有腐蚀性的物品时，要盛放在密闭的容器中，以免腐蚀和损坏电子天平。

⑤ 经常对电子天平进行自校或定期外校，保证其处于最佳状态。

⑥ 如果电子天平出现故障应及时检修，不可带"病"工作。

⑦ 操作天平不可过载使用，以免损坏天平。

⑧ 长期不用电子天平时应暂时收藏好。

2.7　物质的称量方法（电子天平）

2.7.1　直接法

天平零点调好以后，把被称物用一干净的纸条套住（也可采用戴汗布手套、用镊子或钳子夹取等适宜方法），放在天平秤盘中央，所得读数即被称物的质量。这种方法适合于称量洁净干燥的器皿、棒状或块状的金属及其他整块的不易潮解或升华的固体样品。

2.7.2　固定质量称量法

此法用于称取指定质量的试样。适合于称取本身不易吸水，并在空气中性质稳定的试样，如金属、矿石、合金等。其操作如下：先称出容器（如表面皿、铝勺、硫酸纸）的质量，然后用牛角匙将试样慢慢加入盛放试样的器皿（或硫酸纸）中。要极其小心地将盛有试样的牛角匙伸向秤盘的容器上方约 2～3cm 处，匙的另一端顶在掌心上，用拇指、中指及掌心拿稳牛角匙，并用食指轻弹匙柄，将试样慢慢抖入容器中（图 2-24），直到显示所需质量。此操作应十分细心，如不慎加多了试样，只能用牛角匙取出多余的试样，再重复上述操作直到合乎要求为止。

2.7.3　差减称量法

图 2-24　固定称样　　　　　图 2-25　称量瓶　　　　　图 2-26　试样敲击的方法

　　这种方法适于连续称取多份易吸水，或易氧化，或易与 CO_2 反应的物质。与上法不同，本法称取样品的质量只要控制在一定要求范围内即可。操作如下：将适量的试样装入洁净干燥的称量瓶中，用洁净的小纸条套在称量瓶上（图 2-25），将称量瓶放在天平秤盘中心，设称得其质量为 m_1（单位为 g，下同）。取出称量瓶，用左手将其举在承接试样的容器（烧杯或三角瓶）上方，右手用小纸片夹住瓶盖柄，打开瓶盖，将称量瓶慢慢向下倾斜，并用瓶盖轻轻敲击瓶口，使试样慢慢落入容器内，这时应格外小心，不要把试样洒在容器外（图 2-26）。当估计倾出的试样已接近所要求的质量时，慢慢将称量瓶竖起，用盖轻轻敲瓶口，使沾附在瓶口上部的试样落入瓶内，然后盖好瓶盖，将称量瓶再放回天平盘上称量。如此反复数次直到倾出的试样质量达到要求为止。设此时称量瓶质量为 m_2，则称出试样为 $m_1 - m_2$。按上述方法连续操作，可称取多份试样，如：

	I	II	III
称量瓶与试样质量 m_1/g	20.3720	20.1237	19.8937
倾出试样后称量瓶与试样质量 m_2/g	20.1237	19.8937	19.6527
试样质量 m/g	0.2483	0.2300	0.2410

2.8　滴定分析的量器与基本操作

2.8.1　滴定管

　　滴定管是可放出不固定量液体的量出式玻璃量器，主要用于滴定过程中准确测量操作溶液的体积。滴定管的管身用细长而内径均匀的玻璃管制成，上面有均匀的

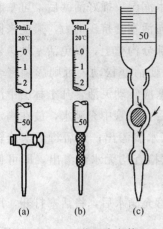

图 2-27　普通滴定管

(a)　　　(b)　　　(c)

分度线。常量分析的滴定管容积有 50mL 和 25mL 两种，最小刻度为 0.1mL，读数可估计到 0.01mL。另外，还有 10mL、5mL、2mL、1mL 的半微量或微量滴定管。按盛放溶液性质不同，滴定管分为两种：一种是下端带有玻璃活塞的酸式滴定管 ［图 2-27(a)］；另一种是碱式滴定管，管的下端连接一段乳胶管，管内放一玻璃珠，乳胶管下端再连接一个尖嘴玻璃管 ［图 2-27(b)］，用手指捏玻璃珠一侧的乳胶管时，便会形成一条狭缝，溶液即可流出 ［图 2-27(c)］，并可控制流速。玻璃珠的大小应适当，过小会漏液或在使用时上下移动，过大则在放液时手指很吃力，操作不方便。

酸式滴定管用于盛放酸性和氧化性溶液，但不能盛放碱性溶液，因其磨口玻璃活塞会被碱性溶液腐蚀，放置久了，活塞将打不开。碱式滴定管用于盛放碱性溶液，但不能盛放与乳胶管发生反应的氧化性溶液，如 $KMnO_4$、I_2 等。

2.8.1.1　酸式滴定管的洗涤与涂油

首先检查活塞的密合性，将活塞用水润湿后插入活塞套内，管中充水至最高标线，垂直挂在滴定台上，15min 后漏水不应超过 1 个分度（0.1mL）。

其次是洗涤滴定管，洗涤方法根据其沾污程度而定。一般情况下用自来水冲洗；如洗不净，再用普通洗涤剂洗涤，然后用自来水冲洗，再用蒸馏水洗 2～3 次；如还洗不净，则应用铬酸洗液洗。少量的污垢可装入约 10mL 洗液，双手平托滴定管的两端，不断转动滴定管，使洗液布满全管。在放平过程中，滴定管口应对着洗液瓶口（或烧杯），以防洗液洒到外边。洗完后，将洗液分别由两端放出，倒回原瓶。如果滴定管太脏，可将滴定管装满洗液，挂在滴定管架上放置一段时间。为防止洗液滴在实验台上，滴定管下方应放一烧杯。用洗液洗过的滴定管，先用自来水将洗液冲净，再用蒸馏水洗三次，每次用水约 10mL。洗净后的滴定管内壁应被水均匀润湿而不挂水珠。如挂水珠，应重新洗涤。

为使酸式滴定管的活塞不漏水且转动灵活，必须给活塞涂油，操作方法如下：把滴定管中的水倒掉，平放在实验台上，取出活塞。用滤纸片将活塞及活塞套表面的水及油污擦干净。用食指蘸上凡士林油，均匀地涂在活塞的 A、B 两部分（图 2-28）。油不要涂得太多，以免活塞孔被堵住，也不能涂得太少，否则达

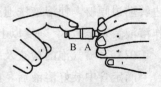

图 2-28　活塞涂油操作

不到转动灵活与防止漏水的目的。涂好油后，将活塞插入平放在实验台上的滴定管活塞套中，插时活塞孔应与滴定管平行方向插入，以免将油脂挤到活塞孔中。活塞

21

插好前滴定管不可直立，否则活塞套会被管中残留的水润湿。插好活塞后，可拿起滴定管，向同一方向旋转活塞，旋转时，应有一定的向活塞套挤压的力，避免来回移动活塞，使塞孔受堵。最后用橡皮圈套在活塞小头部分沟槽上，以免活塞被碰松动时脱落打碎。套橡皮圈时应用手抵住活塞柄，不得使活塞松动，否则影响密合性，甚至会使活塞掉下来打碎。涂油后的滴定管，活塞应转动灵活，凡士林层中没有纹络，活塞呈均匀的透明状态。滴定管活塞涂好油后，将管中充满水，放在滴定管架上直立静置 2min，观察流液口及活塞两端是否有水滴渗出；然后将活塞旋转180°，再放置 2min，继续观察有无水滴渗出。若两次检查均无水滴渗出，即可使用。否则应重新涂油后检查不漏水再使用。

如果活塞孔或出口尖嘴被凡士林堵塞，可将滴定管充满水后，将活塞打开，用洗耳球在滴定管上部挤压、鼓气，即可将油排除。

2.8.1.2　碱式滴定管的洗涤

使用前应检查乳胶管是否老化、变质。玻璃珠大小是否合适，若不合要求，应及时更换。

洗涤方法与酸式滴定管相同，如需用洗液时，应将玻璃珠向上推至与滴定管管身下端相接触，以防止洗液与乳胶管接触。

2.8.1.3　滴定管的使用方法与滴定操作

（1）操作溶液（标准溶液或待标定溶液）的装入

为了保证装入滴定管中后操作溶液的浓度不发生变化，必须做到以下三点：

① 装操作溶液之前必须将试剂瓶中的溶液摇匀，使凝结在瓶壁上的水珠混入溶液。

② 操作溶液应从试剂瓶中直接装入滴定管，不得用其他容器（如烧杯、漏斗等）来转移。用左手持滴定管上部无刻度处，并稍微倾斜，右手拿住试剂瓶向滴定管倒入溶液。如用小试剂瓶，右手可握住瓶身；如用大试剂瓶，可将瓶放在实验台上，握住瓶颈，使瓶倾斜，将溶液慢慢倾入滴定管中。

③ 为了保证装入滴定管中的操作溶液不被稀释，必须用该溶液润洗滴定管 2～3 次，每次用 10mL 左右的溶液。双手拿住滴定管两端无刻度部位，平端滴定管，边转动边倾斜，使溶液洗遍全部内壁，然后将溶液由流液口放出弃去。最后，将操作溶液装入至 "0" 刻度以上。

（2）管嘴气泡的检查及排除

滴定管中装好溶液后，应检查其下端尖头部分是否未被溶液充满而留有气泡。酸式滴定管的气泡，一般容易看出，当有气泡时，右手拿管上部无刻度处，并将滴定管倾斜 60°，左手迅速旋开活塞，使溶液急速流出的同时将气泡赶出。碱式滴定管的气泡往往在乳胶管内和出口玻璃管内存留，对光检查则易发现。将滴定管倾斜30°，用左手的食指和拇指捏玻璃珠部位，胶管向上弯曲的同时捏挤胶管，使溶液急速流出的同时将气泡赶出（图2-29）。

（3）滴定姿势

一般采取站姿滴定，要求操作者身体要站正。有时为操作方便也可坐着滴定。

（4）酸式滴定管的操作

用酸式滴定管滴定时，如图2-30所示，用左手控制活塞，拇指在前、中指和食指在后，轻轻捏住活塞柄，无名指和小指向手心弯曲，手心内凹，不要让手心顶着活塞，以防活塞被顶出，造成漏液。转动活塞

图2-29　碱管排气泡图

时应稍向手心用力，不要向外用力，以免造成漏液；但也不要往里用力太大，以免造成活塞转动不灵活。

（5）碱式滴定管的操作

用碱式滴定管滴定时，如图2-31所示，用左手握住乳胶管，拇指在前，食指在后，其他三个手指辅助夹住出口管。用拇指和食指捏住玻璃珠所在部位，向右挤压乳胶管，使玻璃珠移向手心一侧，使胶管与玻璃珠之间形成一个小缝隙，溶液即

图2-30　酸式滴定管的操作

图2-31　碱式滴定管的操作

可流出。注意不要用力捏玻璃珠，也不要使玻璃珠上下移动，更不要捏玻璃珠下部的乳胶管，以免进入空气形成气泡，影响读数。

（6）滴定操作

滴定操作可在锥形瓶或烧杯内进行。在锥形瓶中进行滴定时，用右手拿住锥形瓶上部，使瓶底离实验台约2~3cm，滴定管下端伸入瓶口内约1cm。左手按前述方法握滴定管，边滴加溶液边用右手摇动锥形瓶，使溶液沿一个方向旋转。要边摇边滴，使滴下去的溶液尽快混匀。

图2-32　在烧杯中的滴定操作

滴定在烧杯中进行时，把烧杯放在实验台上，滴定管的高度应以其下端伸入烧杯内约1cm为宜。滴定管的下端应在烧杯中心的左后方处，如放在中央，会影响搅拌；如离杯壁过近，滴下的溶液不易搅拌均匀。左手控制滴定管滴加溶液，

右手持玻璃棒搅拌溶液。如图 2-32 所示。玻璃棒应作圆周搅动，不要碰到烧杯壁和底部。近终点滴加半滴溶液时，可用玻璃棒下端轻轻沾下，再浸入烧杯中搅匀。但应注意，玻璃棒只能接触溶液，不能接触管尖。

进行滴定操作时，应注意以下问题：

① 每次滴定前都应将滴定管内液面调至零刻度或接近零刻度处。这样可使每次滴定前后的读数基本上都在滴定管的同一部位，从而消除由于滴定管刻度不准确而引起的系统误差；还可以保证滴定过程中操作溶液足够量，避免由于液量不够，需重新装一次操作溶液再滴定而引起的读数误差。

② 滴定时，左手不能离开活塞任溶液自流。

③ 摇瓶时，应微动腕关节，使锥形瓶做圆周运动，瓶中的溶液则向同一方向旋转，左、右旋转均可，但不可前后晃动，以免溶液溅出。

④ 滴定时，应认真观察锥形瓶中溶液颜色的变化。不要去看滴定管上的刻度变化，而不顾滴定反应的进行。

⑤ 要正确控制滴定速度。开始滴定时，速度可稍快些，但溶液不能成流水状地从滴定管放出。应呈"见滴成线"，这时为 3～4 滴/s 左右。接近终点时，应一滴一滴加入，即加一滴摇几下，再加，再摇。马上到终点时，应加半滴，摇几下，直到溶液出现明显的颜色变化为止。

⑥ 半滴溶液的控制与加入：用酸式滴定管时，可慢慢转动活塞，活塞稍打开一点，让溶液慢慢流出悬挂在出口管嘴上，形成半滴，立即关闭活塞。用碱式滴定管时，拇指和食指捏住玻璃珠所在部位，稍用力向右挤压乳胶管，使溶液慢慢流出，形成半滴，立即松开拇指与食指，溶液即悬挂在出口管嘴上。半滴溶液加入时应采用涮壁法，即使滴定管尖嘴尽量伸入瓶中较低处，然后用瓶壁将半滴靠下，再倾斜锥形瓶，用瓶中的溶液将附于壁上的半滴溶液涮入瓶中。也可采用吹洗法，即用锥形瓶瓶壁将半滴溶液靠下，然后从洗瓶中吹出蒸馏水将瓶壁上的溶液冲下去。用此法时，只能用很少量蒸馏水，冲洗 1～2 次，否则会使溶液过分稀释，导致终点颜色变化不敏锐。用碱式滴定管时一定先松开拇指和食指，再将半滴溶液靠下，否则尖嘴玻璃管内会产生气泡。

⑦ 溴酸钾法、碘量法（滴定碘法）等需要在碘量瓶中进行反应和滴定。碘量瓶是带有磨口玻璃塞和水槽的锥形瓶（图 2-33），喇叭形瓶口与瓶塞柄之间形成一圈水槽，槽中加入蒸馏水即可形成水封，可防止瓶中溶液反应时生成的气体（Br_2、I_2 等）逸失。反应到一定时间后，打开瓶塞，水即流下并可冲洗瓶塞和瓶壁，然后进行滴定。

（7）滴定管的读数

① 每次读数前，都应观察一下，管壁是否挂水珠，管内的出口尖嘴处有无悬挂液滴，管嘴是否有气泡。

② 读数时，一般不采用把滴定管夹在滴定管架上读数的方法，因为这样不能保证滴定管是垂直的。应该把滴定管从滴定管架上取下，用右手大拇指和食指捏住滴定管上部无刻度部位，其他手指从旁辅助，使滴定管保持垂直，然后再读数。

③ 对于无色和浅色溶液，应读取弯月面下缘实线的最低点，视线应与弯月面下缘实线的最低点相切（图 2-34）。对于有色溶液，如 $KMnO_4$、I_2 溶液等，应读取液面的最上缘，视线应与液面两侧的最高点相切（图 2-35）。

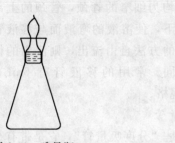

图 2-33 碘量瓶

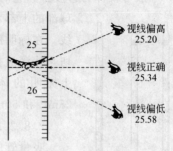

图 2-34 读数视线

④ 初学者练习读数，可采用一读数卡，如图 2-36 所示。读数卡由贴有黑纸或涂有黑色长方形（约 3cm×1.5cm）的白纸板制成。读数时，把读数卡放在滴定管背后，使黑色部分在弯月面下约 1mL 处，此时即可看到弯月面的反射层全部成为黑色，然后读此黑色弯月面下缘的最低点。对有色溶液应以白色卡片为背景。

图 2-35 深色溶液的读数

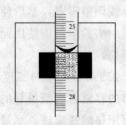

图 2-36 读数卡

⑤ 每次装入或放出溶液后，应等 1～2min，待附着在内壁的溶液流下后，再读数。如果放出溶液速度较慢（如近终点时），可等 0.5～1min 后读数。

⑥ 对白底蓝线衬背滴定管的读数，应读取蓝线上下两尖端相对点的位置。

⑦ 滴定管读数可读至小数点后第二位，即要求估计到 0.01mL。滴定管上两个小刻度之间为 0.1mL，当液面在这两个小刻度中间时为 0.05mL；若液面在两小刻度的 1/5 处，即为 0.02mL……

（8）滴定结束后滴定管的处理

滴定结束后，滴定管内剩余的溶液应弃去，不可倒回原瓶，以防沾污标准溶液。依次用自来水和蒸馏水将滴定管洗净，然后装满蒸馏水挂在滴定管架上，上口用一器皿罩上，下口套一段洁净的橡皮管。长期不用，应倒尽水。酸式滴定管的活塞和塞套之间应垫上一张小纸片，再用橡皮圈捆好，然后收在仪器柜中。

2.8.2 移液管和吸量管

2.8.2.1 移液管

移液管是用于准确移取一定体积溶液的量出式玻璃量器，正规名称是"单标线吸量管"，一般习惯称为移液管。它的中间为一膨大部分 [图2-37(a)]，称为球部，球部的上部和下部均为细窄的管颈，管颈的上部标有刻线。在标明的温度下，使溶液的弯液面与移液管标线相切，让溶液按一定的方法自由流出，则流出的体积与管上标明的体积相同。常用的移液管有 5mL、10mL、25mL 和 50mL 等规格。

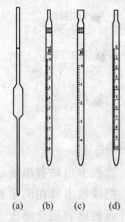

图2-37 移液管和吸量管

2.8.2.2 吸量管

吸量管的全称是"分度吸量管"，它是带有分度的量出式量器 [图2-37(b)、(c)、(d)]，用于移取非固定量的溶液。常用的吸量管有 1mL、2mL、5mL 和 10mL 等规格，一般用于量取小体积的溶液。有些吸量管的分刻度不是刻到管尖，而是离管尖尚差 1～2cm [图2-37(d)]，是不完全流出式。吸量管的容量精度低于移液管，一般在移取 2mL 以上固定量溶液时，应尽可能使用移液管。使用吸量管时，通常在最高标线调整零点，然后使液面降到某一刻度，两刻度之差即为所放出溶液的体积。在同一实验中，应使用同一支吸量管的同一部位量取溶液，以减少吸量管带来的测量误差。

2.8.2.3 移液管与吸量管的洗涤

洁净的移液管与吸量管的内壁及下端均应不挂水珠。可先用自来水冲洗；如挂水珠，可用铬酸洗液洗。尽量把移液管或吸量管中残留的水控干净，然后移取少量洗液至刚入膨大部分，把管横过来，转动移液管，使洗液布满全管，稍浸泡一会儿后，将洗液倒回原瓶，再用自来水冲洗，然后用少量蒸馏水洗涤 2～3 次。如果移液管或吸量管内壁严重沾污，则应把其放入盛有洗液的大量筒或高型玻璃缸中，浸泡 15min 到数小时，视其沾污程度而定。

2.8.2.4 移取溶液

移取溶液前，应用滤纸或吸水纸把管尖端内外的水吸尽，然后用待移取溶液润洗三次，以免转移的溶液被稀释。方法如下：用左手拿洗耳球，将食指或拇指放在洗耳球的上方，其余手指自然握住洗耳球，用右手的拇指和中指拿住移液管或吸量管标线以上的部分，无名指和小指辅助拿住移液管，将洗耳球中的空气排出后，用其尖端紧按在移液管口上（图2-38），将移液管或吸量管管尖伸入溶液中，慢慢松

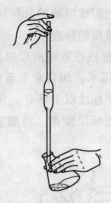

图 2-38　吸取溶液的操作 　　　　　　　　图 2-39　放出溶液的操作

开捏紧的洗耳球，溶液借吸力慢慢上升，待溶液吸至球部的 1/4 处（这时切勿使溶液流回原瓶中，以免稀释溶液）时，立即用右手食指按住管口，离开溶液，将管横过来，用两手的拇指和食指分别拿住移液管或吸量管的两端，转动移液管并使溶液布满全管内壁，当溶液流至距上口 2～3cm 时，将管直立，使溶液由流液口（尖嘴）放出，弃去。

移液管或吸量管经润洗后，即可移取溶液。将管插入待吸溶液液面下 1～2cm 处。如插得太浅，液面下降后会造成吸空；如插得太深，移液管或量液管外壁沾带溶液过多。吸液过程中，应注意液面与管尖的位置，管尖应随液面下降而下降。当液面吸至移液管或吸量管标线以上时，迅速移开洗耳球，同时马上用右手食指堵住管口。左手放下洗耳球，将移液管或吸量管提起离开液面，并将管的下部（伸入溶液的部分）用吸水纸擦干，以除去管壁上粘附的少量溶液。拿起盛待吸液的容器，然后使容器倾斜约 30º，使移液管或吸量管管尖紧贴其内壁，微微松动右手食指，使液面缓慢下降，直到视线平视时弯液面与标线相切，立即按紧食指。左手放下待吸液容器，拿起接收溶液的容器，将其倾斜约 30º，将移液管或吸量管垂直，管尖紧贴接收容器的内壁，松开食指，使溶液自然顺壁流下（图 2-39）。待溶液下降到管尖后，应等 15s 左右，然后移开移液管放在移液管架上。不可乱放，以免沾污。

注意移液管或吸量管放液后，其管尖仍残留一滴溶液，对此，除特别注明"吹"字的移液管或吸量管以外，切不可将残留溶液吹入接收容器中，因为在工厂生产检定时，并未把这部分体积计算进去。

2.8.3　容量瓶

容量瓶是细颈梨形平底玻璃瓶，由无色或棕色玻璃制成，带有磨口玻璃塞或塑料、橡胶塞，颈上有一标线。容量瓶为量入式容器。容量瓶的容量定义为：在 20℃时，充满至刻度线所容纳水的体积，以毫升计。容量瓶有 10mL、25mL、50mL、100mL、250mL、500mL 和 1000mL 等各种规格。

容量瓶的主要用途是配制准确浓度的溶液或定量地稀释溶液。它常与移液管配套使用，可把配成溶液的某种物质分成若干等份。

（1）容量瓶的检查

① 查看标线位置距离瓶口是否太近，如太近，则溶液不易混匀，不宜使用。

② 是否漏水：加自来水至标线附近，盖好瓶塞，用左手食指按住瓶塞，其余手指拿住瓶颈标线以上部分，用右手指尖托住瓶底边缘。将瓶倒立 2min，看是否漏水，可用滤纸片检查。将瓶直立，瓶塞转动 180°，再倒立 2min 检查，不漏水，则可使用。

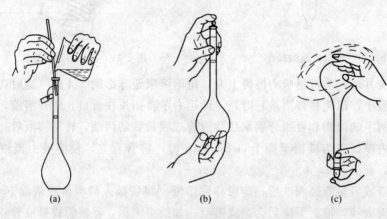

图 2-40　容量瓶的使用

③ 容量瓶的瓶塞不应取下随意乱放，以免沾污、搞错或打碎。可用橡皮筋或细绳将瓶塞系在瓶颈上。如为平顶的塑料、橡胶塞子，也可将塞子倒置在桌面上放置。

（2）容量瓶的洗涤

合格的容量瓶使用前应用铬酸洗液清洗内壁。先尽量倒去瓶内残留的水，再倒入适量洗液（250mL 容量瓶倒入 10～20mL 洗液），倾斜转动容量瓶，使洗液布满内壁，浸泡 10min 左右，将洗液倒回原瓶，然后用自来水充分洗涤，最后用蒸馏水洗 3 次。水的用量根据容量瓶大小而定，如 250mL 容量瓶，第一次用 30mL 左右，第二次和第三次用 20mL 左右。洗净后擦干磨口处，盖好塞子备用。

（3）用固体物质配制溶液

准确称量基准试剂或被测样品，置于小烧杯中，用少量蒸馏水（或其他溶剂）将固体溶解。如需加热溶解，则加热后应冷却至室温。然后将溶液定量转移至容量瓶中。定量转移溶液时，右手持玻璃棒，将玻璃棒悬空伸入容量瓶口中，棒的下端应靠在瓶颈内壁上。左手拿烧杯，使烧杯嘴紧贴玻璃棒，让溶液沿玻璃棒和内壁流入容量瓶中 [图 2-40（a）]。烧杯中溶液倾完后，烧杯不要直接离开玻璃棒，而应在扶正烧杯的同时使杯嘴沿玻璃棒上提 1～2cm，离开玻璃棒，并将玻璃棒放回烧杯中，但不要靠杯嘴。（烧杯嘴沿玻璃棒上提，可避免杯嘴与玻璃棒之间的一滴溶液流到烧杯外面。）再用少量蒸馏水（或其他溶剂）洗烧杯3~4次，每次用洗瓶吹出的蒸馏水冲洗烧杯内壁和玻璃棒，接着将溶液定量转移入容量瓶中。然后用洗瓶加蒸馏水至2/3容量，将容量瓶沿水平方向轻轻转动几圈，使溶液初步混匀。再继续加水至标线以下约1cm处，等待1~2min，使附在瓶颈内壁的水流下后，再用滴管滴加蒸馏水至弯月面下缘与标线相切，且与视线在同一水平面。无论溶液有无颜色，加水位置都应使弯月面下缘与标线相切为准。随即盖紧瓶塞，左手捏住瓶颈上端，食指压住瓶塞，右手三指托住瓶底［图2-40(b)］，将容量瓶倒转，使气泡上升到顶部，水平振荡混匀溶液［图2-40(c)］。这样重复操作15~20次，使瓶内溶液充分混匀。

（4）由浓溶液配制稀溶液

如果用容量瓶将已知准确浓度的浓溶液稀释成一定浓度的稀溶液，则用移液管移取一定体积的浓溶液于容量瓶中，加蒸馏水至标线，按前述方法混匀溶液。

（5）注意事项

① 右手托瓶时，应尽量减少与瓶身的接触面积，以避免体温对溶液温度的影响。100mL以下的容量瓶，可不用右手托瓶，只用一只手抓住瓶颈，同时用手心顶住瓶塞倒转摇动即可。

② 容量瓶不宜长期保存试剂溶液，不可将容量瓶当作试剂瓶使用。如配好的溶液需长期保存，应将其转移至磨口试剂瓶中。磨口瓶洗涤干净后，还必须用容量瓶中的溶液淋洗2~3次。

③ 容量瓶用毕应立即用水冲洗干净。如长期不用，磨口处应洗净擦干，垫上小纸片，放入仪器柜中保存。

④ 容量瓶不能在烘箱中烘烤，也不能用明火直接加热。如需使用干燥的容量瓶时，可将容量瓶洗净后，用乙醇等有机溶剂荡洗后晾干或用电吹风的冷风吹干。

3 常用分析仪器的使用

3.1 酸度计（pH/mV 计）

酸度计又称 pH 计，是测量溶液 pH 最常用的仪器之一。实验室常用的酸度计有雷磁 25 型、pHS-2C 型、pHS-3C 型等，其型号和结构虽然不同，但基本原理是一样的。本节主要介绍 pHS-3C 型酸度计。

3.1.1 测量原理

各种型号的酸度计都由玻璃电极、饱和甘汞电极和精密电势计三部分组成。

取一支玻璃电极作为指示电极、一支饱和甘汞电极作为参比电极，将两电极分别连接在精密电势计的"－"极和"＋"极上，然后把电极浸入小烧杯中的待测溶液中，组成原电池（也称工作电池），测量该电池的电动势，即可测得溶液的 pH。

3.1.1.1 玻璃电极

pH 玻璃电极的构造如图 3-1 所示，在测定溶液的 pH 或酸碱电势滴定时用它

图 3-1 玻璃电极

1—玻璃外壳；2—Ag-AgCl 电极；
3—含 H^+ 的缓冲溶液；4—玻璃薄膜

作指示电极。它的下端是一个由特殊成分的玻璃经烧结而吹制成的玻璃膜小球泡，膜厚约 0.2mm，泡内装有 H^+ 浓度一定的内部缓冲溶液，溶液中插入 Ag-AgCl 电极作内参比电极。使用前把玻璃膜在蒸馏水中浸泡 24h 以上，玻璃膜被水化，产生水化层，可产生对 H^+ 的灵敏响应。将一个浸泡好的玻璃电极浸入待测溶液中，玻璃膜即处在内部缓冲溶液和外部试液中间，由于两溶液的 H^+ 活度不同，在玻璃膜两侧之间产生一定的电势差，由于内部缓冲溶液的 H^+ 活度是固定的，所以玻璃电极的电极电势随待测溶液 H^+ 活度的变化而变化。在 25℃ 时：

$$\varphi_{玻璃} = \varphi_{玻璃}^{\ominus} - 0.059pH$$

玻璃电极电阻很高（$>10^8\Omega$），必须用高阻抗的毫伏计（即 pH 计）来测量。

玻璃电极优点：不受溶液中氧化剂、还原剂及其他活性物质的影响，可在浊性溶液、有色或胶体溶液中使用，少量的溶液即可进行 pH 测定。

玻璃电极缺点：阻抗太高，玻璃泡易碎。

使用玻璃电极注意事项：

① 玻璃电极使用前，必须在蒸馏水中浸泡 24h 以上，使电极活化。短时间不

用时，应浸泡在蒸馏水中。

② 切不可与硬物接触，因其一旦破裂即完全丧失作用。安装电极时，应使甘汞电极的下端稍低于玻璃泡，以防止玻璃泡碰到烧杯底部而破碎。切勿使搅拌子或玻璃棒与球泡相碰。

③ 测量碱性溶液时，应尽快操作，用毕立即用蒸馏水冲洗。

④ 玻璃泡不可沾有油污。如沾上油污，应先浸入酒精中，再放入乙醚中，然后移入酒精中，最后用蒸馏水冲洗干净。

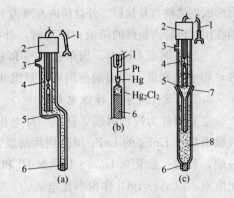

图 3-2 饱和甘汞电极

(a) 单盐桥型；(b) 电极内部结构；(c) 双盐桥型
1—导线；2—绝缘帽；3—加液口；4—内电极；
5—饱和 KCl 溶液；6—多孔性物质；
7—可卸盐桥磨口套管；8—盐桥内充液

3.1.1.2 甘汞电极

（1）饱和甘汞电极 单盐桥型饱和甘汞电极如图 3-2(a) 所示。它由纯汞、甘汞（Hg_2Cl_2）、饱和 KCl 溶液组成。电极的内玻璃管中封接一根铂丝，铂丝插入纯汞中，下面是一层 Hg_2Cl_2 与 Hg 的糊状物，如图 3-2(b) 所示。外玻璃管中装有饱和 KCl 溶液，外管的下端是烧结陶瓷芯或玻璃砂芯等多孔物质。电极反应：

$$Hg_2Cl_2 + 2e^- \rightleftharpoons 2Hg + 2Cl^-$$

25℃时：

$$\varphi_{甘汞} = \varphi_{甘汞}^{\ominus} - 0.059 \lg a(Cl^-)$$

当温度一定时，甘汞电极的电极电势决定于 Cl^- 的活度，与溶液 pH 无关。25℃时，饱和甘汞电极的电极电势为 0.242V。由于 KCl 的溶解度随温度而变化，所以饱和甘汞电极只能在低于 80℃ 的温度下使用。

将甘汞电极和玻璃电极浸入待测溶液，组成原电池，电池符号如下：

$$(-)Ag(s) \mid AgCl(s) \mid 内参比溶液(c_o) \left\{ 待测溶液(c_x) \parallel KCl(饱和) \mid Hg_2Cl_2(s) \mid Hg(l)(+) \right.$$
$$玻璃膜$$

测量该电池的电动势：$\varepsilon = \varphi_正 - \varphi_负 = \varphi_{甘汞} - \varphi_{玻璃}$

$$\varepsilon = \varphi^{\ominus} + 0.059 pH$$

由于玻璃球泡的两侧状况不会完全一致，如组成不均匀、水化程度不同等，玻璃电极存在不对称电势，不同的电极又有差异。甘汞电极还存在液接电势。所以 pH 计上设有"定位"补偿器，在测定前，先用标准缓冲溶液校准仪器，即用定位调节器把读数值直接调节到标准缓冲溶液的 pH 上，然后再测定未知溶液，可直接从酸度计的表盘上读出溶液的 pH。

（2）双盐桥型饱和甘汞电极 双盐桥型饱和甘汞电极构造如图 3-2 (c) 所示，亦称双液接饱和甘汞电极。它由单盐桥型饱和甘汞电极的外面再套上一个可卸盐桥组成，因而形成内盐桥与外盐桥。外盐桥内充液为 KNO_3 或 $NaNO_3$ 溶液。外盐桥中的内充液必须临用时再装入新鲜的溶液；不用时，外盐桥套管不可被 KCl 溶液污染。

一般在测定 Cl^- 时，因单盐桥饱和甘汞电极内充液 KCl 溶液中的 Cl^- 向外扩散，影响其测定，因而应使用双盐桥饱和甘汞电极作参比电极。

3.1.1.3 离子选择性电极

主要部件为特种薄膜，这是一种电化学传感器。例如 F^- 离子选择性电极，电极膜由掺有 EuF_2 的 LaF_3 单晶切片制成。它的构造见图 3-3。把膜封在硬塑料管的一端，管内一般装 $0.1mol \cdot L^{-1}$ NaCl 和 $0.1 \sim 0.01mol \cdot L^{-1}$ NaF 混合溶液作内参比溶液，以 Ag-AgCl 作内参比电极。

由于 LaF_3 的晶格有空穴，晶格上的氟离子可以移入晶格邻近的空穴而导电。当氟电极插入含氟溶液中时，F^- 在电极表面进行交换，如溶液中 F^- 活度高，则溶液中 F^- 可以进入单晶的空穴。反之，单晶表面的 F^- 也可进入溶液。由此产生的膜电势与溶液中氟离子活度的关系遵从能斯特方程 $[a(F^-) > 10^{-5} mol \cdot L^{-1}$ 时$]$。25℃时：

$$\varphi_膜 = K - 0.059 \lg a(F^-)$$

由于离子选择性电极对"游离"离子活度响应，而不是对特定型体的总浓度响应，因此在使用离子选择性电极测定时，应加入总离子强度调节缓冲液（TISAB），用以固定离子强度、掩蔽干扰离子，还可起缓冲溶液的作用。

F^- 离子选择电极属均相膜电极，另外还有多相晶膜电极（如 I^- 电极）、流动载体电极（如 NO_3^- 电极）、气敏电极、酶电极等。使用前应用蒸馏水或含相应离子的溶液浸泡活化。

将离子选择性电极作指示电极，饱和甘汞电极作参比电极，浸入已配制好的一系列待测离子的标准溶液中，测定其电极电势 φ。以 φ 为纵坐标，$-\lg c$（或 pc）为横坐标，绘制工作曲线（图 3-4），再以同样方法测未知液的电极电势，然后可从工作曲线上查出未知液中相应离子的浓度。

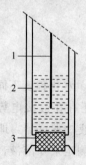

图 3-3　氟离子选择性电极

1—Ag-AgCl 内参比电极；2—内参比溶液 NaF-NaCl 溶液；3—氟化镧单晶膜

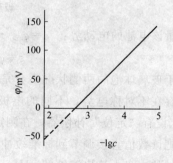

图 3-4　标准曲线

3.1.2 pHS-3C 型酸度计（图 3-5）

（1）pH 的测定

① 仪器接通电源预热 30min（预热时间越长越稳定）后，将功能开关拨至 pH 位置，调节温度补偿旋钮至溶液的温度。

② 仪器标定

a. 将复合电极（或指示电极和参比电极同时）插入 pH6.86 标准缓冲溶液中，将斜率旋钮旋到最大处，平衡一段时间（主要考虑电极电势的平衡），待读数稳定后，调节定位调节器，使仪器显示 6.86。

图 3-5 pHS-3C 型酸度计外观

b. 用蒸馏水冲洗电极并用吸水纸擦干后，插入 pH4.01 标准缓冲溶液中，待读数稳定后，调节斜率调节器，使仪器显示 4.01。此时仪器就标定完毕。

为了保证精度，建议以上两个标定步骤重复一、二次。一旦仪器标定完毕，"定位"和"斜率"调节器不得有任何变动。

③ 用蒸馏水冲洗电极并用吸水纸擦干后，将电极插入样品溶液中进行测量。

（2）mV 测定

① 在测定溶液氧化还原电势（ORP）时，将功能开关拨至 mV 位置。

② 将电极插入被测溶液中，即可进行测定。

③ 测量 mV 时，温度、定位、斜率等旋钮均不起作用。

（3）仪器的维护与注意事项

① 新玻璃 pH 电极或长期干储存的电极，在使用前应在 pH 浸泡液中浸泡 24h 后才能使用。pH 电极在停用时，应将电极的敏感部分浸泡在 pH 浸泡液中，这对改善电极响应迟钝和延长电极寿命是非常有利的。

② 在使用复合电极时，溶液一定要超过电极头部的陶瓷孔。电极头部若沾污，可用医用棉花轻擦。

③ 玻璃 pH 电极和甘汞电极在使用时，必须注意内电极与球泡之间及参比电极内陶瓷芯附近是否有气泡存在，如有必须除去。

④ 用标准溶液标定时，首先要保证标准缓冲溶液的精度，否则将引起严重的测量误差。标准溶液可自行配制，但最好用国家专用的标准缓冲溶液。

⑤ 忌用浓硫酸或铬酸洗液洗涤电极的敏感部分。不可在无水或脱水的液体（如四氯化碳、浓酒精）中浸泡电极。不可在碱性或氟化物的体系、黏土及其他胶体溶液中放置时间过长，否则会导致响应迟钝。

⑥ 常温电极一般在 5～60℃温度范围内使用。如果在低于 5℃ 或高于 60℃ 时使

用，请分别选用特殊的低温电极或高温电极。

⑦ 为了保证 pH 的测量精度要求，每次使用前必须用标准溶液加以标定。注意标定时标准溶液的温度与状态（静止还是流动）和被测液的温度与状态要应尽量一致。

⑧ 在使用过程中，遇到下列情况时仪器必须重新标定：a. 换用新电极；b. "定位"或"斜率"调节器变动过。

3.1.3 pHS-3C 型精密 pH 计使用说明（图 3-6）

图 3-6 pHS-3C 型精密酸度计外观

（1）pH 测定

① 开机，mV 指示灯亮，按"pH/mV"键进入 pH 测量状态（pH 指示灯亮），按"温度"键设定溶液温度（温度指示灯亮），然后按"确认"键回到 pH 测量状态。

② 仪器标定

a. 把用蒸馏水清洗过的电极插入 pH = 6.86 的标准溶液中，待读数稳定后，按"定位"键（此时 pH 指示灯慢闪烁，表明仪器在定位标定状态，按"定位"键使读数为该溶液当前温度下的 pH），然后按"确认"键。

b. 把用蒸馏水清洗过的电极插入 pH = 4.01（或 pH = 9.18）的标准溶液中，待读数稳定后，按"斜率"键（此时 pH 指示灯快闪烁，表明仪器在斜率标定状态）使读数为该溶液当时的 pH，然后按"确认"键，仪器进入 pH 测量状态，pH 指示灯停止闪烁，标定结束。电极清洗后可对被测溶液进行测量。

c. 如果被测溶液温度与标定溶液的温度不一致，用温度计测量出被测溶液的温度，然后按"温度"键，使温度显示为被测溶液的温度，再按"温度"键，即可对被测溶液进行测量。

（2）mV 测定和仪器的维护与注意事项 同 3.1.2 中的（2）和（3）。

（3）pH 计标定错误后补救措施

① 如果标定过程中操作失败或按键错误而使仪器测量不正常，可关闭电源，然后按住"确认"键再开启电源，使仪器恢复初始状态。然后重新标定。

② 标定后，"定位"键及"斜率"键不能再按，如果触动此键，此时仪器 pH 指示灯闪烁，请不要按"确认"键，而是按"pH/mV"键，使仪器重新进入 pH 测量即可，而无须再进行标定。

③ 标定的缓冲溶液一般第一次用 pH = 6.86，第二次用接近溶液 pH 的缓冲液，如果被测溶液为酸性，缓冲液应选 pH = 4.01；如被测溶液为碱性，则选 pH = 9.18 的缓冲液。

3.2 分光光度计

3.2.1 测量原理

分光光度法测量的理论依据是朗伯-比耳（Lamber-Beer）定律：当一束单色光通过一定浓度范围的稀有色溶液时，溶液对光的吸收程度 A 与溶液的浓度 c（g·L^{-1}）和液层厚度 b(cm) 成正比。朗伯-比耳定律的数学表达式为：

$$A=abc$$

式中，a 是比例系数。当 c 的单位以 mol·L^{-1} 表示时，比例系数用 ε 表示，则：

$$A=\varepsilon bc$$

式中，ε 称摩尔吸光系数，其单位为 L·mol^{-1}·cm^{-1}。它是有色物质在一定波长下的特征常数。

透过光的强度 I_t 与入射光的强度 I_0 的比值 I_t/I_0 称为透光率，用 T 表示。吸光度与透光率的关系为：

$$A=-\lg T$$

测定时，一般把有色溶液盛在厚度（b）一定的吸收池中，则吸光度 A 只与溶液的浓度 c 成正比。分光光度计的表头上有两行刻度，一行是透光率 T，一行是吸光度 A，读数时，一般读取吸光度 A 值。

3.2.2 测定物质含量的方法

利用分光光度法测定物质的含量，一般采用标准曲线法（又称工作曲线法）。因为在一定浓度范围内，被测物质溶液的吸光度与其浓度呈线性关系。例如用邻二氮菲光度法测铁，吸光度与铁的浓度在 5.0mg·L^{-1} 以内呈线性关系。配制一系列浓度由小到大的标准溶液，在选定条件下依次测出各标准溶液的吸光度 A，以溶液的浓度为横坐标，相应的吸光度为纵坐标，在坐标纸上绘制出标准曲线。

测绘标准曲线一般应配制 3～5 个浓度递增的标准溶液。作图时，坐标选择要适当，使直线的斜率约等于 1。坐标分度值要等距标示，要使测量数据的有效数字位数及坐标纸的读数精确度相符合，不可随意增加或减低读数精确度。

未知液的测定条件应与标准曲线的测定条件相同。测出未知液的吸光度后，即可从标准曲线上查出相应的未知液的含量，然后计算出试样中被测物质的含量。

3.2.3 各型分光光度计简介

3.2.3.1 721型分光光度计

（1）构造

721型分光光度计是在72型的基础上改进的。它采用体积小的晶体管稳压电源，用光电管作为光电转换元件，光电管配合放大线路，将微弱光电流放大后推动

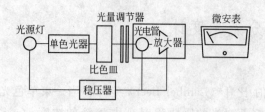

图 3-7　721 型分光光度计结构示意

指针式微安表。将单色器、稳压电源和检流计几个部件合装在一起，成为一个整件，装置紧凑，操作方便。图 3-7 为 721 型分光光度计结构示意，图 3-8 为 721 型分光光度计外形。

721 型分光光度计采用钨丝灯作光源，玻璃棱镜为单色器。单色光经吸收池中溶液透射到光电管上，产生光电流，经高阻值电阻形成电势降，通过放大器放大后，可直接在微安表上读出吸光度或透光率。在吸收池暗箱的右侧装有一套光门部件，暗盒盖打开后，右下角有一个装有顶杆的小孔，靠吸收池暗箱盖的关与开，使光门可以相应地关闭与开启。

（2）使用方法

① 未接电源之前，应先检查"0"和"100％"调节旋钮是否处在起始位置，如不是，则应分别按逆时针方向轻轻旋转至不能再动。检查电表指针是否指"0"，如不指"0"，则应调节电表上的调整螺丝使指针指"0"。使灵敏度选择旋钮处于"1"挡（最低挡），然后旋转波长调节旋钮，调至所需波长。

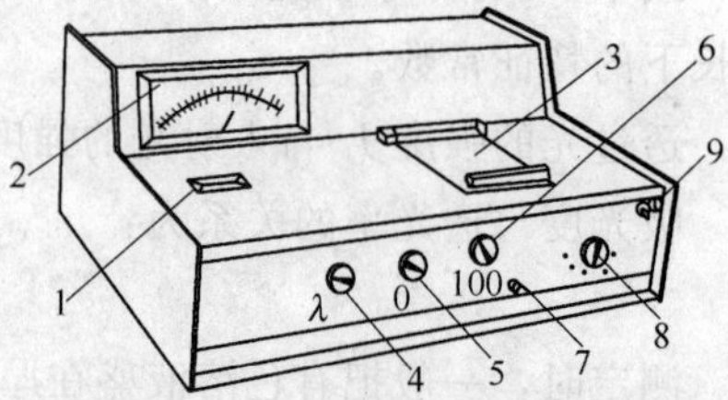

图 3-8　721 型分光光度计外形

1—波长读数盘；2—电表；3—比色皿暗盒盖；4—波长调节；5—"0"透光率调节；6—"100％"透光率调节；7—比色皿架拉杆；8—灵敏度选择；9—电源开关

② 开启电源开关。打开吸收池暗箱盖，此时光门关闭，调节调零旋钮，使电表指针指透光率"0"刻度，盖上吸收池暗箱盖，光门打开，调节"100％"旋钮，使指针指透光率"100％"刻度处。然后打开吸收池暗箱盖，仪器预热 20min。

③ 将盛有空白溶液的吸收池放入暗箱中比色皿架的第一格内，盛待测溶液的比色皿放入其他格内。

④ 盖上暗箱盖，光门打开，空白溶液正好在光路上，旋转"100％"旋钮，使指针指透光率"100％"处，如指针达不到"100％"处，应旋转灵敏度旋钮，使灵敏度提高一挡。再打开暗箱盖，检查指针是否指透光率"0"刻度处。反复调节"0"和"100％"，待指针稳定后，即可测定。

⑤ 拉出吸收池架，使待测溶液进入光路，即可从电表上读出溶液吸光度值。必要时，可把吸收池架推回去，再把空白溶液置于光路上，调节"0"和"100％"，然后再拉出吸收池架，依次测定待测溶液吸光度值。

⑥ 换另外三份待测溶液时，空白溶液不可倒掉，应再用空白溶液调节"0"和"100％"。直到所有的待测液测定完，才可倒掉空白溶液。

⑦ 测量完毕，关闭电源，将各调节旋钮恢复至初始位置。取出吸收池洗净，晾干，存于专用盒内。

(3) 使用 721 分光光度计注意事项

① 旋转调 "0" 和调 "100％" 旋钮时，一定要轻轻转动，转到不能动时切不可再用力，应报告指导教师帮助调节。

② 如吸收池架中洒入待测液，应及时擦干。

③ 吸收池的使用参照 72 型分光光度计中使用说明。

④ "灵敏度" 挡分为五挡，"1" 挡的灵敏度最低，逐挡增加。其选择原则是：当用空白溶液调节 "透光率 100％" 时，在保证能调到 100％ 的前提下，应选用灵敏度较低的挡，以保证仪器有较高的稳定性。一般是先置 "1" 挡，当调不到100％ 时，再逐挡增高。灵敏度改变时，应重新调节透光率 "0" 和 "100％"。

⑤ 如需改变波长时，每改变一次波长，则必须用空白溶液调节透光率 "0" 和 "100％"。

3.2.3.2 722 型分光光度计

(1) 性能与结构

722 型光度计是以碘钨灯为光源、衍射光栅为色散元件、端窗式光电管为光电转换器的单光束、数显式可见光分光光度计。波长为 330～800nm，波长精度为 ±2nm，波长重现性为 0.5nm，单色光的带宽为 6nm，吸光度的显示范围为 0～1.999，吸光度的精确度为 0.004（在 $A=0.5$ 处），试样架可放置 4 个吸收池。

722 型光度计的光学系统如图 3-9 所示。

碘钨灯发出的连续光经滤光片选择、聚光镜聚集后投向单色仪的进光狭缝。此狭缝正好处于聚光镜及单色器内准直镜的焦平面上，因此，进入单色器的复合光通过平面反射镜反射到准直镜变成平行光射向光栅，通过光栅的衍射作用形成按一定顺序排列的连续单色光谱。此单色光谱重新回到准直镜上。由于单色器的出光狭缝设置在准直镜的焦平面上，这样，从

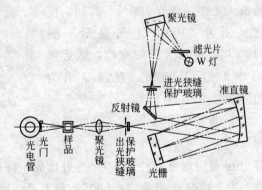

图 3-9 722 型光度计的光学系统

光栅色散出来的光谱经准直镜后，利用聚光原理成像在出光狭缝上，出光狭缝选出指定带宽的单色光通过聚光镜射在被测溶液中心，其透过光经光门射向光电管的阴极面。

波长刻度盘下面的转动轴与光栅上的扇形齿轮相吻合，通过转动波长刻度盘而

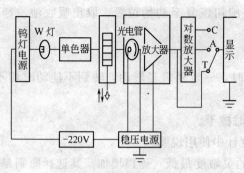

图 3-10 722 型光度计结构方框图

带动光栅转动，以改变光源出射狭缝的波长值。

722 型光度计由光源室、单色器、试样室、光电管暗盒、电子系统及数字显示器等部件组成，其结构如图 3-10 所示。

（2）722 光栅型分光光度计（图 3-11）的使用方法

① 把防尘罩取下，将灵敏度调节钮 13 置于"1"挡（信号放大倍率最小），将选择开关 3 置于"T"挡（即透射比）。

② 接通电源，将仪器上的电源开关 7 按下，指示灯即亮。调节波长手轮 8 使所需波长对准标线，调节 100％T 旋钮 11 使显示透射比为 70％左右，使仪器在此状态下预热 5～15min。待显示数字稳定后再进行下述操作。

③ 将试样室盖打开（光门自动关闭），调节 0％T 旋钮 12，使显示为"0.000"。

④ 把盛参比溶液的吸收池放入试样架的第一格内，盛试样的吸收池放入第二格内，然后盖上试样室盖（光门打开，光电管受光）。把参比溶液推入光路，调节 100％T 旋钮，使之显示为"100.0"，若显示不到"100.0"，应增大灵敏度挡，然后再调节 100％T 旋钮，直到显示为"100.0"。

⑤ 重复③和④操作，直到显示稳定。

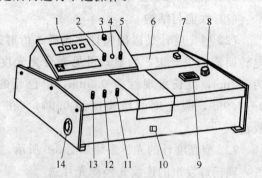

图 3-11　722 型光栅分光光度计

1—数字显示器；2—吸光度调零旋钮；3—选择开关；
4—吸光度调斜率电位器；5—浓度旋钮；6—光源室；
7—电源开关；8—波长手轮；9—波长刻度窗；10—试
样架拉手；11—100％T 旋钮；12—0％T 旋钮；
13—灵敏度调节旋钮；14—干燥器

⑥ 稳定地显示"100.0"透射比后，将选择开关置于"A"挡（即吸光度），此时吸光度显示应为"0.000"，若不是，则调节吸光度调零旋钮 2，使显示为"0.000"。然后把试样推入光路，这时的显示值即为试样的吸光度。

⑦ 测定过程中，不要将参比溶液拿出试样室，应将其随时推入光路以检查吸光度零点是否有变化，如不为"0.000"，则不要先调节旋钮 2，而应将选择开关 3 置于"T"挡，用 100％T 旋钮调至"100.0"，再将选择开关置于"A"，这时如不为"0.000"，才可调节旋钮 2。

一般情况下不需要经常调节旋钮 2 和 12，但可随时进行③和④的操作，若发现这两个显示有改变，要及时调整。

⑧ 测定完毕，关闭仪器电源开关（短时间不用，不必关闭电源，打开试样室盖，即可停止照射光电管），将吸收池取出，洗干净，放回原处。拔下电源插头，待仪器冷却 10min 后盖上防尘罩。

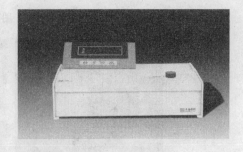

图 3-12　722N 型分光光度计外形

（3）722N 型分光光度计（图 3-12）操作步骤

仪器使用前需预热 30min。键盘操作如下。

① 本仪器键盘共有 4 个键，分别为：A/T/C/F、SD、▽/0％、△/100％。

② A/T/C/F 键：此键用来在 A、T、C、F 之间切换。A 代表吸光度（absorbance）、T 代表透射比（trans）、C 代表浓度（conc.）、F 代表斜率（factor）。F 值通过按键输入。

③ SD 键：该键具有 2 个功能。

a. 用于 RS232 串行口和计算机传输数据（单向传输数据，仪器发向计算机）。

b. 当处于 F 状态时，具有确认的功能，即确认当前的 F 值，并自动转到 C，计算当前的 C 值（$C=FA$）。

④ ▽/0％键：该键具有 2 个功能。

a. 调零：只有在 F 状态时有效，打开样品室盖，按键后应显示 000.0。

b. 下降键：只有在 T 状态时有效，按本键 F 值自动减 1，如果按住本键不放，自动减 1 会加快速度，减至 0 后，再按键它会自动变为 1999，再按键开始自动减 1。

⑤ △/100％键：该键具有 2 个功能。

a. 只有在 A、T 状态时有效，关闭样品室盖，按键后应显示 0.000、100.0。

b. 上升键：只有在 F 状态时有效，按本键 F 值会自动加 1，如果按住本键不放，自动加 1 会加快速度，加至 1999 后，再按键它会自动变为 0，再按键开始自动加 1。

例如：设置斜率为 1500。

方法一：a. 按 A/T/C/F 键切换到 F 状态；b. 如果当前 F 值为 1000，则按 △/100％键，直到 F 值为 1500；c. 再按 SD 键，表示当前的 F 值为 1500，然后自动回到 C 状态，假如所测的 A 值为 0.234，则此时显示 C 值为 0351。

方法二：a. 按 A/T/C/F 键切换到 F 状态；b. 如果当前 F 值为 1000，则按 △/100％键，直到 F 值为 1500。再按 A/T/C/F 键切换到 C 状态，假如所测的 A 值为 0.234，此时显示 C 值为 0351。

3.2.3.3　紫外可见分光光度计（图 3-13）

图 3-13　普析通用 T6 紫外可见分光光度计外观

（1）结构

结构中的比色皿、检测器、记录仪这些与 722 型分光光度计基本一样，主要是光源不同。

紫外-可见分光光度计在紫外区使用氢灯或氘灯，在可见光区使用氘灯或溴钨灯。它们发出的都是连续光谱，通过三棱镜（中档）、光栅（高档）、滤光片（低级）等分光，这样两种灯组合基本涵盖了紫外-可见光的波长范围。

紫外-可见分光光度计可用于大部分有色物质的定量监测，通常需要使用各种各样的显色剂。

（2）操作步骤

① 开机自检：打开主机电源，仪器开始初始化；约 3min 初始化完成，仪器进入主菜单界面。若与电脑相连，则应运行电脑上的相应软件。

② 进入光度测量状态后，按"ENTER"键进入光度测量主界面；按"RE-TURN"键返回上一级菜单。

③ 进入测量界面：按"START/STOP"键进入样品测定界面。

④ 设置测量波长：按"GOTO 入"键，在界面中输入测量的波长，例如需要在 460nm 测量，输入 460，按"ENTER"键确认，仪器将自动调整波长。

⑤ 进入设置参数：这个步骤中主要设置样品池。按"SET"键进入参数设定界面，按"下"键使光标移动到"试样设定"，按"ENTER"键确认，进入设定界面。

⑥ 设定使用样品池个数：按"下"键使光标移动到"使用样池数"，按"EN-TER"键循环选择需要使用的样品池个数（主要根据使用比色皿数量确定，比如使用 2 个比色皿，则修改为 2）。

⑦ 样品测量：按"RETURN"键返回到参数设定界面，再按"RETURN"键返回到光度测量界面。在 1 号样品池内放入空白溶液，2 号池内放入待测样品。关闭好样品池盖，按"ZERO"键进行空白校正，再按"START/STOP"键进行样品测量。

a. 如需要测量下一个样品，取出比色皿，更换为下一个测量的样品，按

40

"START/STOP"键即可读数。

b. 如需更换波长，可直接按"GOTO 入"键调整波长。注意更换波长后必须重新按"ZERO"进行空白校正。如果每次使用的比色皿数量是固定个数，下一次使用仪器可以跳过第⑤、⑥步骤直接进入样品测量。

⑧ 结束测量：测量完成后按"PRINT"键打印数据，如果没有打印机请记录数据。退出程序或关闭仪器后测量数据将消失。确保已从样品池中取走所有比色皿，清洗干净以便下一次使用。按"RETURN"键直接返回到仪器主菜单界面后再关闭仪器电源。

（3）仪器维护

正确使用并维护仪器，可保证仪器正常运行、检测结果可靠。

① 试样室检查：在处理液体试样较多时，请在使用前和使用后检查试样室中是否有遗漏的溶液，如果有请立即擦拭干净，以防止溶液蒸发后腐蚀光学系统，造成仪器测量结果误差。

② 防尘滤网的清洗：在仪器的底部有 4 块防尘滤网，一般情况下需要 3 个月清洗一次，但在环境比较恶劣，沙尘比较大的地区需要 1 个月清洗一次。滤网取下后，可以用清水直接冲洗干净，晾干后方可使用。

③ 仪器的表面清洁：仪器的外壳表面经过了喷漆工艺的处理，在使用过程中请不要将溶液遗洒在外壳上，否则会在外壳上留下斑痕。如果不小心将溶液遗洒在外壳上，请立即用湿毛巾擦拭干净，杜绝使用有机溶液擦拭。

（4）注意事项

① 尽量避开高温高湿环境。

② 仪器的风扇附近应留足够的空间，使其排风顺畅。

③ 如果发现测量样品重复性差，需确认样品是否稳定、是否有光解等现象。

④ 如果测量的样品挥发性太强，需使用比色皿盖。如果是苯蒸气等强挥发性气体，需敞开样品池去除干扰气体。

3.2.3.4　荧光分光光度计（图 3-14）

（1）工作原理

由高压汞灯或氙灯发出的紫外光和蓝紫光经滤光片照射到样品池中，激发样品中的荧光物质发出荧

图 3-14　F-4500 荧光分光光度计

光，荧光经过滤过和反射后，被光电倍增管所接受，然后以图或数字的形式显示出来。在通常情况下，处于基态的物质分子吸收激发光后变为激发态，这些处于激发态的分子是不稳定的，在返回基态的过程中，将一部分的能量又以光的形式放出，从而产生荧光。

不同物质由于分子结构的不同，其激发态能级的分布具有各自不同的特征，这

种特征反映在荧光上表现为各种物质都有其特征荧光激发和发射光谱，因此可以用荧光激发和发射光谱的不同来定性地进行物质的鉴定。荧光分光光度计可用于测试发光材料的发射光谱＼激发光谱＼时间扫描，不需要显色剂，灵敏度比紫外-可见分光光度计高 2～3 个数量级。

在溶液中，当荧光物质的浓度较低时，其荧光强度与该物质的浓度通常有良好的正比关系，即 $I_F = Kc$。利用这种关系可以进行荧光物质的定量分析，与紫外-可见分光光度法类似，荧光分析通常也采用标准曲线法进行。

荧光分光光度计具有微机控制操作工作站，可用来做物质的荧光光谱图（EM）及定量分析。

（2）荧光分光光度计的基本结构

① 光源：为高压汞蒸气灯或氙弧灯，后者能发射出强度较大的连续光谱，且在 300～400nm 范围内强度几乎相等，故较常用。

② 激发单色器：置于光源和样品室之间的为激发单色器或第一单色器，筛选出特定的激发光谱。

③ 发射单色器：置于样品室和检测器之间的为发射单色器或第二单色器，常采用光栅为单色器。筛选出特定的发射光谱。

④ 样品室：通常由石英池（液体样品用）或固体样品架（粉末或片状样品）组成。测量液体时，光源与检测器呈直角安排；测量固体时，光源与检测器呈锐角安排。

⑤ 检测器：一般用光电管或光电倍增管作检测器。可将光信号放大并转为电信号。

（3）F-4500 荧光分光光度计的使用（详见仪器说明书）

① 开机与测定

a. 打开荧光分光光度计。顺序：power（on）→ 按 Xe lamp（start）至亮 → MAIN（ON）状态。

b. 打开计算机，找到运行程序开始菜单中选择程序下的"FL Solutions"，点击进入连接 F-4500，进入仪器操作界面，选择右面工具栏 Method 设置方法和参数。详见软件操作说明书。

c. 方法设定后，将样品放入样品室，点击软件界面右边的"measurement"，进行样品测量，如有多个样品，依次测量。

d. 测量完毕后，在数据处理窗口进行数据处理，处理完毕可保存结果或者打印。

② 关机　测量结束，清洗石英比色皿。首先计算机退出工作站状态，然后依次关闭计算机，MAIN（OFF），等待 15min 后，关闭 POWER（OFF）。

（4）注意事项

① 在实验开始前，应提前打开仪器预热，并配制好所需的溶液。对于已经配制好的溶液，在不用时放在 4℃冰箱中保存，放置时间超过一周的溶液要重新配制。

② 实验所用的样品池是四面透光的石英池，拿取的时候用手指掐住池体的上角部，不能接触到四个面，清洗样品池后应用擦镜纸对其四个面进行轻轻擦拭。

③ 在测试样品时，注意荧光强度范围的设定不要太高，以免测得的荧光强度超过仪器的测定上限。

④ 实验结束后，要及时清理台面，处理废液，清洗和放置好样品池，将下次要用的溶液放回冰箱，并且按规定登记实验记录，养成良好的实验习惯。

3.2.3.5　原子吸收分光光度计

（1）结构

原子吸收分光光度计由锐线光源、原子化器、单色器、检测器、信号处理系统等部分组成（图 3-15）。其中锐线光源提供待测元素的特征光谱线，因发射线的光谱纯度高，决定了原子吸收法的灵敏度高、选择性好。锐线光源由空心阴极灯提供，一般空心阴极灯是单一元素的元素灯，因而分析不同元素时，必须换用不同元素的灯。原子化器能将样品中的被测元素转变为基态原子蒸气，原子化效率的高低直接影响测定的准确度。单色器的作用是将待测元素的吸收谱线与其他谱线分开，目前常用的色散元件为光栅。检测系统包括检测器（如光电倍增管）、放大器、读数装置等。

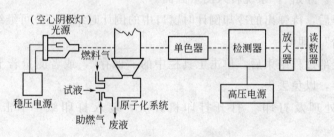

图 3-15　原子吸收分光光度计示意图

对于火焰型原子吸收光度计，可以通过改变灯电流的大小、燃烧器的高度、燃气流量等参数改变原子化率。实验过程中条件的选择是很重要的。

（2）TAS-986 原子吸收分光光度计（图 3-16）使用操作规程

① 准备工作

a. 拿去仪器罩，开氩气钢瓶调节出口压力在 0.5MPa 左右，开冷却水；放置被测元素的空心阴极灯。

b. 依次打开稳压电源、主机电源、计

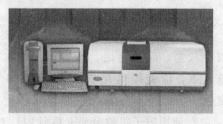

图 3-16　TAS-986 原子吸收分光光度计外观

算机显示屏电源。进入 Windows 操作系统界面。打开原子吸收主机开关和石墨炉开关，单击桌面上 AAWin 图标，运行程序进入初始状态。

c. 在弹出运行模式对话框的下拉框中选择"联机"，单击"确定"按钮。

d. 初始化完成后，在"选择工作灯及预热灯"窗口中单击"工作灯"下拉框，选择要用的工作灯元素，在"预热灯"下拉框中选择预热灯元素，然后单击"下一步"按钮。

② 检测

a. 在"设置元素测量参数"窗口中，输入"工作灯电流"、"预热灯电流"、"光谱带宽"和"负高压"值。单击"下一步"。

b. 在"设置波长"窗口的波长数据的下拉框中选择元素灯的特征波长。

c. 在"设置波长"窗口中单击"下一步"按钮，在"完成"的窗口中单击"完成"按钮，进入主界面。

d. 选择主菜单"仪器"，依次单击"测量方法"、"原子化器位置"、"扣背景方式"、"石墨炉加热程序"按钮，进行相关的检测。

e. 选择主菜单"应用"，单击"能量调试"按钮，进行相关检测。

③ 设置　选择主菜单"设置"，单击"样品设置向导"、"测量参数"进行相关设置。

④ 测量　用进样器吸取 $10\mu L$ 消化定容好的溶液，注入石墨炉内，选择主菜单"测量"，单击"开始"，系统转入测量画面。

测量完毕后，待弹出的冷却倒计时窗口中的倒计时结束，方可继续测量，进样后单击"开始"，即可。

测量的全部过程结束后，单击工具栏中的"保存"，或者测量若干个样品后就进行一次保存，以免丢失。

⑤ 数据处理及打印　打开打印机开关，装入打印纸，单击工具栏中的"打印"。

⑥ 关机　单击"文件"中"退出"，分别关闭石墨炉电源、主机电源和打印机电源，关闭氩气钢瓶气阀和冷却水。套上仪器罩，填好仪器使用记录，做好清场工作。

（3）注意事项

① 原子吸收分光光度法实验室要求有合适的环境。室内应保持空气清净，较少灰尘；应有充足、压力恒定的水源；仪器燃烧器上方应有符合厂方要求的排气罩，应能提供足够而恒定的排气量，排气速度应能调节，排气罩应耐腐蚀。

② 使用原子吸收分光光度计时，对实验室安全应予以特别注意，如排气通风是否良好，应事先制定突然停电、停水及气流不足或不稳定时的安全措施等。本仪

器具有自动安全功能，发现故障后一般停止工作，但实验室环境的安全仍需使用者注意。

③ 仪器参数选择（如空心阴极灯工作电流、光谱带宽、原子化条件等）及石墨炉原子化器的干燥-灰化-原子化各阶段的温度、时间、升温情况等程序的合理编制，对测定的灵敏度、检出限及分析精度等都有较大的影响。本仪器能提示或自动调节成常用的参数，使用时可按情况予以修改。

④ 仪器及样品浓度情况差别很多，浓度过大时会使信号达到饱和，则输出信号过强，此时，可以适当降低灵敏度或改用该元素的次要谱线，以确保信号强度与被测元素浓度呈线性关系。

3.3　气相色谱仪

3.3.1　气相色谱原理

气相色谱法（gas chromatography，GC）出现于 1952 年，是一种以气体为流动相、以固体或液体为色谱柱固定相的色谱分离方法，主要利用被分离物质的沸点、极性及吸附性质的差异来实现混合物的分离。待测样品在一定的温度下汽化后，被流动相（载气，惰性气体）带入含有固定相的色谱柱，样品中分配系数不同的组分在流动相和固定相之间进行反复多次的分配（或吸附）—平衡—解析等一系列过程，最终在载气的带动下，先后流出色谱柱（与固定相作用力较小的组分先流出，与固定相作用力较大的组分后流出），因而实现混合物的分离，经过检测器后就得到一系列色谱峰。

气相色谱的特点可概括为高选择性、高效能、高灵敏度、分析速度快、应用范围广。气相色谱仪是目前科学研究和工业生产中应用最广的分析仪器之一。凡在 $-196 \sim 450℃$ 的范围内，能够汽化且热稳定性好、相对分子质量小于 1000 的气体或液体，均可以用气相色谱法分析。

3.3.2　气相色谱仪器

气相色谱仪已经成为十分普及的仪器，国内、外生产厂商众多，有不同类型、不同型号及不同用途的气相色谱仪。但总体来说，气相色谱仪的基本结构是相似的，主要由气路系统、进样系统、柱系统、温度控制系统、检测系统、数据处理和控制系统等组成，见图 3-17。

① 气路系统　主要包括载气、检测器用气体的气源、气体净化和气流控制装置（压力表、针型阀、电子流量计等）。气相色谱常用载气为氮气、氢气、氦气和氩气等，可根据检测器类型和分离要求进行选择。载气在进入色谱柱前必须净化，目的是除去载气和检测气体中的水分、氧气和烃类等杂质。色谱柱与氧气或水分的持续接触，特别是在高温下，会导致色谱柱的严重破坏。如果气体在接头处有泄

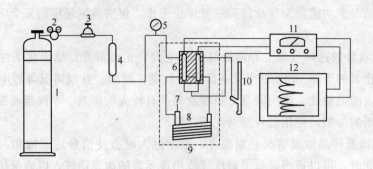

图 3-17　气相色谱流程示意图

1—高压气瓶（载气源）；2—减压阀；3—气流调节阀；4—净化器；5—压力表；

6—热导池；7—进样口；8—色谱柱；9—恒温箱（虚线框内）；10—流量计；

11—测量电桥；12—记录仪

漏，净化器还可以起到一定的保护作用。

② 进样系统　包括进样装置和气化室，可有效地将待分析样品导入色谱柱进行分离。有多种进样器，如手动进样器、自动进样器等。

③ 柱系统　包括精确控温的柱加热箱、色谱柱以及与进样口和检测器的接头等，是色谱仪的心脏。色谱柱有毛细管柱和填充柱两大类。

④ 温度控制系统　用来设置、控制和测量气化室、柱室以及检测室的温度。柱室控制温度有恒温和程序升温两种方式。检测室温度通常比柱温高 30～50℃。

⑤ 检测系统　检测器将载气中被测组分的浓度或质量转换为可被记录的电压信号或由计算机处理的数字信号。气相色谱检测器有几十种，通用的主要是热导检测器（TCD）和火焰离子化检测器（FID）。

⑥ 数据处理和控制系统　可以实现实验操作和数据采集自动化，具有数据处理功能。

3.3.3　气相色谱仪的操作

图 3-18 是一种典型气相色谱仪器外观图（图中未包含气源部分和计算机），主要操作包括：

（1）准备

确认气路（载气，如使用氢火焰检测器时，须确认氢气发生器启动并达到要求流量）、电源线、信号线等已连接。

（2）开机

① 打开气源（N_2：0.5MPa；H_2：0.2MPa；空气：0.5MPa）；

② 打开计算机，等待启动完全；

③ 接通气相色谱仪主机电源，等待自检完成；

④ 操作计算机进入色谱工作站；

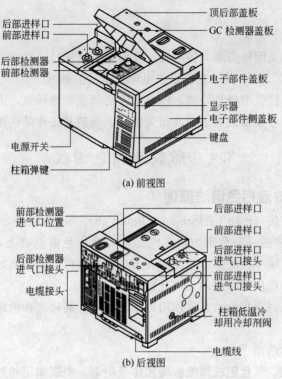

顶后部盖板

后部进样口
前部进样口

GC 检测器盖板

后部检测器
前部检测器

电子部件盖板

显示器
电子部件侧盖板

键盘

电源开关

柱箱弹键

(a) 前视图

前部检测器
进气口位置

后部进样口

前部进样口

后部进样口
进气口接头

后部检测器
进气口接头

前部进样口
进气口接头

电缆接头

柱箱低温冷
却用冷却剂阀

电缆线

(b) 后视图

图 3-18　气相色谱仪外观图

⑤ 转换到"方法和运行控制"平台。

（3）运行样品

按照仪器操作说明，设置实验菜单。在"方法和运行控制"平台，选择一个现成的运行方案或根据实验需要编辑一个完整的方法。根据样品情况，依次设定色谱柱类型、柱头压（流量、线速度）、进样口温度、分流方式、柱温（升温程序）、检测器温度、气体流量等，得到运行方法，随后，选择设定方法及参数保存的目录。完成后保存。

在"样品信息"平台输入样品信息，如样品数据文件名称、检测结果保存的文件夹等。

等待系统准备就绪（各指示灯全部变为绿色）、基线平稳后，按下主机控制面板上"准备运行"按钮，手动进样器进样时，需按下主机面板上的"启动"键，系统开始采集数据。数据采集结束后，可按下计算机相应的快捷键（具体见说明书）停止数据采集。

（4）数据处理

将计算机转换到"数据处理"平台，进入积分界面。分别可以调用样品的色谱图、采集数据的方法、积分优化窗口等，修改积分参数后，观察积分结果是否合理，反复修改到合理后进行确认并退出。指定报告类型，得到报告，可在打印机上打印。

（5）关机

实验结束后，关闭检测器。各热源（柱温箱、进样口、检测器）需要降温，待柱温箱温度低于50℃后，关气相色谱仪电源，最后关载气。

由于气相色谱仪仪器型号较多，色谱软件更新也非常频繁，因此需要根据实验具体所用仪器，参考仪器说明书中的相关操作、维护及工作站使用等内容。

3.4　高效液相色谱仪

3.4.1　高效液相色谱法原理

高效液相色谱法（high performance liquid chromatography，HPLC）是 20 世纪 60 年代发展起来的一种色谱方法，它是在经典柱色谱基础上，采用了高压泵、高效固定相和高灵敏度检测器，从而具有了高分离速度、高分离效率和高检测灵敏度，成为最有效和应用最广泛的分离分析技术。

按照流动相及固定相的状态或作用机理的不同，高效液相色谱可分为以下几种类型：

（1）液固吸附色谱

固定相为硅胶、氧化铝或聚酰胺等固体吸附剂。根据固定相对样品各组分吸附能力不同而将它们分离。

（2）液液分配色谱

固定相由固定液涂渍或键合到惰性载体上而形成。根据样品各组分在固定相和流动相中的分配系数差别而得以分离。常用的惰性载体为硅胶和氧化铝，常用固定液有极性不同的几种，如聚乙二醇、十八烷、角鲨烷等。根据固定相和流动相极性不同，液液色谱可分为正相和反相分配色谱。

正相分配色谱流动相极性小于固定相极性，如流动相为疏水性溶剂或混合物（如己烷），固定相为亲水性的填料（如在硅胶上键合了羟基、氨基或氰基的极性固定相），适用于极性化合物分离，极性小的组分先流出。反相分配色谱流动相极性大于固定相极性，如采用与水混溶的有机溶剂（如甲醇、乙腈等）作流动相，以强疏水性的填料（如在硅胶上键和 C_8 或 C_{18}）作固定相，适用于非极性化合物的分离，出峰顺序与正相色谱相反。

（3）离子交换色谱

固定相为离子交换树脂。树脂上的活性基团与流动相中带有相同电荷的离子进行交换，根据样品各离子的交换能力不同而进行分离。流动相常常采用水溶液。

（4）凝胶色谱

固定相为多孔性的聚合物材料，具有直径为几十至几百纳米的孔穴。样品中小分子可以渗透到固定相孔穴内部，而大一些的分子则被排除在孔穴外，经过流动相洗脱后，样品中各组分按照分子大小得以分离。

此外，还有离子色谱、离子对色谱、亲和色谱及胶束色谱等。

与气相色谱相比，高效液相色谱对热稳定性差、易于分解、变质，具有生理活性的物质，及沸点高分子量大的物质都能够进行分离，应用范围更为广泛。气相色谱只能分析约占有机物 15%～20% 的物质，而高效液相色谱能分析约占有机物 80%～85% 的物质，从一般小分子有机物到药物、农药、氨基酸、低聚核苷酸、肽和分子量不大的蛋白质等都可以进行分析。高效液相色谱法最小检测量可达 10^{-9}～10^{-11}g，分析时间一般少于 1h。

3.4.2 高效液相色谱仪器

按照流动相及固定相的状态或作用机理的不同，高效液相色谱可分为多种分离模式，但其仪器结构基本相同。目前，市场上的高效液相色谱仪种类很多。高效液相色谱仪一般主要由溶剂（流动相）输送系统、进样系统、色谱柱系统、检测系统及数据处理和控制系统组成，见图 3-19。

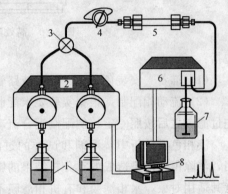

图 3-19 高效液相色谱组成示意图

1—储液瓶；2—高压输液泵；3—混合器和
阻尼器；4—进样器；5—色谱柱；6—检测器；
7—废液瓶；8—数据处理和控制系统

（1）溶剂（流动相）输送系统 主要包括储液瓶、过滤头、高压输液泵以及连接管线等，作用是将流动相输送到色谱仪中。高压输液泵有制备泵、分析泵以及微量或纳流泵等，可供不同流量需求选择使用。

（2）进样系统 一般采用六通进样阀，作用是将被分析样品引入分离系统中。有适用于分析或制备需求的手动进样器和自动进样器。

（3）色谱柱系统 是色谱仪的核心，色谱柱材料一般采用不锈钢或聚醚醚酮（PEEK），样品在色谱柱固定相上实现分离。可以根据样品的类型和分离模式选择不同填料。

（4）检测系统 有多种检测器可供选择，如可变波长扫描紫外检测器、二极管阵列检测器、多波长检测器、荧光检测器、示差折光检测器、电化学检测器，还有 LC/MS 四极杆质量检测器、LC/MS 离子阱质量检测器等。

（5）数据处理和控制系统 可以实现实验操作和数据采集自动化，具有数据处理功能。

3.4.3 液相色谱仪的操作

图 3-20 是一种典型液相色谱仪器外观图（图中未包含计算机部分），主要操作

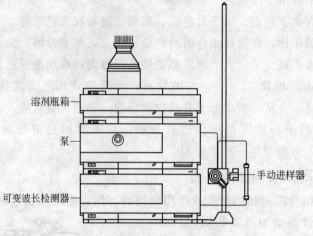

溶剂瓶箱

泵

可变波长检测器

手动进样器

图 3-20　高效液相色谱仪外观图

包括：

（1）准备　安装色谱柱、连接液路管线等。

（2）流动相配制　根据实验要求配制单一或混合流动相。流动相各成分一定要先过滤，之后按照一定比例配制混合流动相溶液。

液相色谱分析中，溶剂和试样的过滤非常重要，对色谱柱、仪器起到保护作用，消除由于污染造成的对分析结果的影响。市售滤膜品种较多，使用时要特别注意其适用对象，水相滤膜和有机相滤膜不能混用。

流动相使用前必须进行脱气处理，以除去其中溶解的气体（如 O_2），防止在洗脱过程中当流动相由色谱柱流至检测器时，因压力降低而产生气泡，从而导致基线噪声的增加，造成灵敏度下降，甚至无法分析。流动相中溶解的氧气可能会导致样品中某些组分被氧化；也可能使色谱柱中的固定相发生降解而改变柱的分离性能；若用荧光检测器，可能会造成荧光猝灭。

（3）开机

① 开启仪器高压泵电源，把准备好的流动相放入储液瓶中，并置于仪器上。

② 打开计算机，进入色谱工作站。

③ 打开冲洗阀。进入泵参数设定菜单，将泵流速设为 $1.0 \mathrm{mL} \cdot \mathrm{min}^{-1}$，确定后，开始冲洗系统，直到管线内（由溶剂瓶到泵入口）无气泡为止，切换通道继续冲洗，直到所有要用通道无气泡后，关泵，关闭冲洗阀。

（4）参数设定

① 参照仪器操作说明书编辑实验方法及各项参数，如泵参数（流量、梯度、柱子的最大耐高压等）、自动进样器参数（进样方式、进样体积等）、柱温箱温度、检测器参数（检测波长、响应时间）等。设定的方法及参数可以保存到指定目录。

② 在样品信息选项中输入样品信息，如样品数据文件名称、检测结果保存的

文件夹、操作者名称等。

③ 启动系统，等仪器就绪、基线平稳后，开始实验。

（5）运行样品　根据被分析样品状态进行相应处理，配制成浓度适当的试液（溶解样品的溶剂必须与流动相互溶，且其洗脱能力不能强于流动相），过滤后进样，随后系统开始采集数据，色谱图自动存入指定文件夹。数据采集结束后，可按下计算机相应的快捷键（具体见说明书）停止数据采集。

（6）数据处理　包括数据导入、谱图优化、积分、打印报告等。

（7）关机　实验结束后，退出色谱工作站软件，关闭计算机。关闭电源开关。

由于高效液相色谱仪仪器型号较多，色谱软件更新也非常频繁，因此需要根据实验具体所用仪器，参考仪器说明书中的相关操作、维护及工作站使用等内容。

3.4.4　高效液相色谱仪的正确使用和科学保养

① 保持储液瓶清洁：对专用储液瓶应定期清洗；如用试剂瓶作储液瓶时，要经常更换。

② 保持过滤器畅通无阻：定期（如半个月）在稀硝酸溶液中超声、清洗过滤器。

③ 使用 HPLC 试剂和新蒸二次蒸馏水作流动相，不要使用多日存放的蒸馏水（易长菌）。流动相使用前必须过滤、脱气。

④ 使用仪器时，要注意放空排气，确保泵头、流动池以及其他流路系统中无气泡存在。

⑤ 珍惜保护色谱柱：a. 避免柱头突然产生大的波动，扰动损伤柱床；b. 采用保护柱，延长柱寿命；c. 避免超负荷进样；d. 经常用强溶剂冲洗柱子，将柱内强保留组分及时洗脱出，时间不少于 1h。

⑥ 实验结束后，一定要及时用适当溶剂冲洗柱子和进样阀，反相柱用足量的水彻底洗净其中的盐类、缓冲液，再用甲醇或乙腈冲洗，并保存在乙腈中。正相柱保存在非极性有机溶剂（如己烷）中。

⑦ 尽量用流动相溶解样品，避免出现拖尾峰、怪峰，还可避免试样在系统中由于溶解度降低而析出。

⑧ 用 HPLC 分析酸碱性物质，由于吸附作用（次级保留）使峰拖尾。加入改良剂可以大大改善峰形，提高积分的准确度。一般地：a. 分析酸性物质，可加入 1% 醋酸；b. 分析碱性物质，可加入 10～20mmol·L^{-1} 三乙胺；c. 酸碱混合物，可同时加入 1% 的醋酸和 10～20mmol·L^{-1} 三乙胺。

3.5　高效毛细管电泳仪

3.5.1　高效毛细管电泳原理

毛细管电泳（CE）是一类以毛细管为分离通道，以高压直流电场为驱动力，以样品的多种特性（电荷、大小、等电点、极性、亲和行为、相分配特性等）为根据的液相微分离分析技术。从 20 世纪 80 年代到现在，毛细管电泳经历了从逐渐加速到飞速发展的阶段。CE 实际上包含电泳、色谱及其相互交叉的内容，是分析科学中继高效液相色谱之后的又一重大进展，它使得分离分析科学从微升级水平进入到纳升级水平，并使得单细胞的分析，乃至单分子的分析成为可能。与此同时，也使长期困扰我们的生物大分子（如糖类、蛋白质等）的分离分析，因为 CE 的产生和迅速发展而有了新的转机。

毛细管电泳的驱动力为高压电场，分离通道是毛细管。一般采用石英毛细管。石英毛细管柱表面为硅胶，在一定的 pH 下，表面的硅羟基解离时带负电，和溶液接触时，在溶液中会形成双电层。毛细管电泳中，无论是带电粒子的表面还是硅胶的表面都有这种双电层，而主体溶液整体带正电，其中第一部分称为 Stern 层，又称为紧密层（compact layer），第二部分称为扩散层（diffuse layer）。阳离子在外加电场作用下向阴极与 Stern 层移动。由于这些阳离子是溶剂化的，因此，将拖动毛细管中的溶液整体向负极流动，形成了电渗流（图 3-21）。电渗流（electroosmosis flow，EOF）是指体相溶液在外电场的作用下整体朝向一个方向运动的现象。在硅胶表面由于双电层的存在，形成了 zeta 电势，与硅胶表面的电荷数及双电层厚度有关，还受到离子性质、缓冲溶液 pH、缓冲溶液中阳离子和硅胶表面离子的平衡等因素的影响。

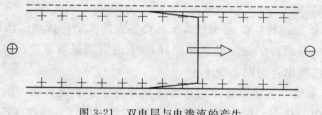

图 3-21　双电层与电渗流的产生

带电离子在电场中运动除了受到电场力的作用外，还会受到溶剂阻力的作用。一定时间后，两种力的作用就会达到平衡，此时离子作匀速运动，电泳进入稳态。一般来说，离子所带电荷越多、离解度越大、体积越小，电泳速度就越快。

3.5.2　毛细管电泳仪结构

毛细管电泳仪由高压直流电源、进样装置、毛细管、检测器和两个供毛细管插入并与电源电极相连的缓冲液储备瓶组成（图 3-22）。电泳在充满缓冲液的细内径毛细管内进行，典型的内径为 $25\sim75\mu m$。石英毛细管的两端置于装有缓冲液的电极槽中，毛细管内和电极槽中充有相同的缓冲液。两个电极槽中分别插入铂电极，在电极上加高电压。由于样品各组分在毛细管内的迁移速度不同，因而经过一定时间后，各组分按其速度大小顺序依次经过检测窗而被检出，得到按时间分布的电泳谱图。

① 高压电源　毛细管电泳一般采用 0～30kV 连续可调的直流高压电源，可以根据实验需要选择不同的电压。

② 进样装置　一般有三种进样方法：压力进样、电迁移进样和扩散进样。在毛细管进样端上加压或在检测端抽真空或通过提高进样端由虹吸作用进样，其进样量几乎与样品的基质无关。电迁移进样是用样品瓶代替缓冲液瓶再加电压，通常所使用的电场强度是分离时的 1/3～1/5。扩散进样是利用浓度差扩散原理将样品分子引入毛细管。

③ 毛细管　毛细管一般使用内径为 25～100μm 的弹性石英毛细管，外径为 375μm，这种毛细管外层涂有聚酰亚胺，使其不容易折断。毛细管的容积很小，散热快，可使用自由溶液、凝胶等为支持介质。

④ 检测器　在毛细管电泳中常用的检测方法有紫外可见检测、荧光检测、磷光电化学检测和质谱检测等。其中紫外可见检测方法最为成熟，是绝大多数商品仪器的必备检测手段，也是最常用的检测手段。

⑤ 数据处理　毛细管电泳的数据记录、谱图形式和数据处理方法与色谱基本相同，可以用相应软件进行操作。定性定量的数据测定和运用方法也与色谱相同。

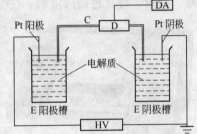

图 3-22　毛细管电泳的结构简图

3.5.3　毛细管电泳的分离模式

毛细管电泳的分离模式很多，可以根据实际分离样品的需要加以选择。

① 毛细管区带电泳（capillary zone electrophoresis，CZE）　这是一种最基本的分离模式，根据被分析物在电泳中的电泳淌度不同来实现分离。在外加电场作用下，将待分析溶液从毛细管一端进样，各组分按各自的电泳淌度和电渗流的矢量和流出毛细管口，按阳离子、中性粒子和阴离子的顺序通过检测器，出峰时间即为迁移时间。多数情况下，电渗流的速度比电泳速度快 5～7 倍，在分析阳离子时，电渗流方向与离子移动的方向一致，不必处理毛细管内壁；但分析阴离子时，电渗流方向通常与离子移动的方向相反，需使用阴离子表面活性剂或改变 pH 等，以使离子移动的方向与电渗流方向相同。

② 毛细管凝胶电泳（capillary gel electrophoresis，CGE）　是由毛细管区带电泳衍生出的一种用凝胶物质作填充物来进行电泳的一种方式，根据通过凝胶物质的分子尺寸大小，利用凝胶物质的多孔性及类似于"分子筛"的作用来进行分离，是当今分离度极高的一种电泳分离技术。

③ 毛细管等速电泳（capillary isotachophoresis，CITP）　是一种在不连续介质中的泳动方式。它采用两种不同的缓冲液系统，待分离的组分根据其淌度不同，在特定的 pH 下依次连续迁移，得到不重叠的区带。

④ 毛细管等电聚焦电泳（capillary isoelectric focusing，CIEF） 是一种根据等电点的差异来分离生物大分子的电泳技术。两性物质在分离介质中的迁移造成pH梯度，其以电中性状态存在时的pH为等电点（用pI表示）。蛋白质分子根据它们等电点不同聚集在不同的位置上实现分离。

⑤ 胶束电动毛细管色谱（micellar electrokinetic capillary chromatography，MEKC） 胶束电动毛细管色谱是一种以胶束作为准固定相的电动色谱。在电泳缓冲液中加入表面活性剂聚集形成胶束，溶质则在水和胶束两相间分配，各溶质因分配系数存在差别而被分离。

⑥ 毛细管电色谱（capillary electrochromatography，CEC） 在毛细管空管中填充、涂布、键合色谱固定相，在毛细管两端加高压直流电压，以电渗流或电渗流结合压力流来代替高压泵推动流动相，是高效液相色谱法和高效毛细管电泳的有机结合。

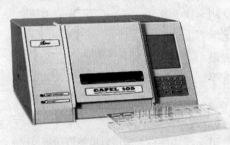

图 3-23　毛细管电泳仪外观图

3.5.4　毛细管电泳仪的操作

图 3-23 是一种毛细管电泳仪器外观，主要操作包括：

（1）缓冲溶液（流动相）配制　根据实验要求配制缓冲溶液。所有溶液在使用前，均须通过 $0.45\mu m$ 微孔滤膜进行过滤。

毛细管电泳分析中，溶剂和试样的过滤非常重要，对毛细管柱、仪器起到保护作用，消除由于污染造成的对分析结果的影响。市售滤膜品种较多，使用时要根据需要加以选择。

（2）毛细管的准备　新的毛细管在使用前分别用 $1mol \cdot L^{-1}$ HCl 冲洗 30min、$1mol \cdot L^{-1}$ 的 NaOH 冲洗 30min、$0.1mol \cdot L^{-1}$ NaOH 冲洗 15min、超纯水冲洗 15min、缓冲液冲洗 15min。每次进样前，用 $0.1mol \cdot L^{-1}$ NaOH、超纯水、缓冲液分别冲洗 2min。如果是已经使用过的毛细管，在实验前先用 $0.1mol \cdot L^{-1}$ NaOH 冲洗毛细管 5min，再分别用二次蒸馏水和缓冲溶液冲洗 2min。每两次运行之间依次用 $0.1mol \cdot L^{-1}$ NaOH、H_2O、缓冲溶液冲洗 2min。

（3）开机

① 把准备好的缓冲溶液及样品放入储液瓶中，并置于仪器上，开启仪器电源。

② 打开计算机，进入工作站。

（4）参数设定

① 参照仪器操作说明书编辑实验方法及各项参数，如冲洗及分析电压、自动进样器参数（进样电压、时间等）、柱温箱温度、检测器参数等。设定的方法及参数可以保存到指定目录。

② 在样品信息选项中输入样品信息，如样品数据文件名称、检测结果保存的文件夹、操作者名称等。

③ 启动系统，运行毛细管的冲洗程序，等仪器就绪、基线平稳后，开始实验。

（5）运行样品　将待分析样品进行处理后配制成浓度适当的试液，过滤后放置好，启动进样程序进样，随后启动分析程序，系统开始对已进样品按照已设定的条件开始分析。采集数据，电泳图自动存入指定文件夹。数据采集结束后，可按下计算机相应的快捷键（具体见说明书）停止数据采集。样品分析结束后再次运行毛细管的冲洗程序。如果试验已经结束，需要在毛细管中充满纯水，若长期不用需要用空气吹干。

（6）数据处理　包括数据导入、谱图优化、积分、打印报告等。

（7）关机　实验结束后，退出工作站，关闭计算机。关闭电源开关。

由于高效毛细管电泳仪仪器型号较多，软件更新也非常频繁，因此需要根据实验具体所用仪器，参考仪器说明书中的相关操作、维护及工作站使用等内容。

4 分析化学基本实验

实验 1 实验用水的制备

分析化学实验用水是分析实验控制的一个重要因素，与空白值和分析方法的检测限有关，因此，分析化学工作者应对所用水的级别和规格有所了解，以便正确选用。

1. 实验用水的级别及主要技术指标

国家规定的分析实验用水的级别及主要指标见表 4-1。实践中常把实验用水称为纯水。

表 4-1 分析实验用水的级别及主要技术指标（引自国家标准 GB/T 6682—2008）

指 标 名 称	一级	二级	三级
pH 范围(25℃)	—	—	5.0～7.5
电导率(25℃)/mS·m^{-1}	≤0.01	≤0.10	≤0.50
可氧化物质含量(以 O 计)/mg·L^{-1}	—	≤0.8	≤0.4
吸光度(254nm,1cm 光程)	≤0.001	≤0.01	—
蒸发残渣(105℃±2℃)/mg·L^{-1}	—	≤1.0	≤2.0
可溶性硅(以 SiO$_2$ 计)/mg·L^{-1}	≤0.01	≤0.02	—

注：1. 由于在一级水、二级水的纯度下，难以测定其真实 pH，因此对一级水和二级水的 pH 范围不作规定。

2. 由于在一级水纯度下，难于测定可氧化物质和蒸发残渣，对其限量不作规定，可用其他方法和制备方法来保证一级水的质量。

在各项技术指标中，电导率是纯水质量的综合指标。一级和二级水的电导率必须"在线"测量，即将测量电极安装在制水设备的出水管道内。在储存和与空气接触过程中，容器材料中可溶解成分的引入和对空气中 CO$_2$ 等杂质的吸收，都会引起纯水电导率的改变。水越纯，其影响越显著。因此一级水必须临用前制备，不宜存放。实际工作中，人们往往习惯用电导率的倒数，即电阻率来衡量水的纯度，则上述一、二、三级水的电阻率应分别大于或等于 10MΩ·cm、1MΩ·cm 和 0.2MΩ·cm。

2. 实验用水的制备方法

根据国家标准《分析实验室用水规格和试验方法》（GB/T 6682—2008），制备分析实验用水的原水应当是饮用水或适当纯度的水。常用的制备方法有蒸馏法、离子交换法、电渗析法，近年来发展起来的方法有反渗透（RO）法、电去离子法（EDI）。

由蒸馏法制得的蒸馏水较纯净，适用于一般分析实验工作。水中所含杂质主要是一些无机盐，一般是不挥发的。把水加热到沸腾时，大量生成水蒸气，将水蒸气冷凝就可得到蒸馏水。此方法特点是设备成本低、操作简单，但能耗高、产率低，且只能除去水中的非挥发性杂质。

由离子交换树脂处理所获得的水称为去离子水，主要除去水中的阴离子和阳离子。但水中存在的可溶性有机物可以污染离子交换柱，从而降低柱效。此方法特点是设备简单、操作简便、出水量大、成本低，但不能除掉水中的非离子型杂质。

电渗析法是在直流电场的作用下，利用阴阳离子交换膜对溶液中离子选择性透过的性质，将离子型杂质去除。与离子交换法类似，电渗析法也不能除掉非离子型杂质，但其优点是电渗析器的使用周期比离子交换柱长，再生处理比离子交换柱简单。好的电渗析器所制备的纯水的电阻率可达 $0.2 \sim 0.3 M\Omega \cdot cm$，相当于三级水的质量水平，适用于要求不太高的分析工作。

反渗透法（RO）的原理是，水分子在反渗透压力的作用下通过反渗透膜，水中的杂质被反渗透膜截留。此法制备纯水克服了蒸馏水和离子交换法制备纯水的许多缺点。反渗透技术可以有效去除水中的溶解盐、胶体、细菌、病毒、细菌内毒素和大部分有机物等杂质。

电去离子法（EDI），也叫填充床电渗析，是电渗析与离子交换有机结合形成的新型膜分离技术。电去离子法借助离子交换树脂的离子交换作用和阴阳离子交换膜对阴阳离子的选择性透过作用，在直流电场的作用下实现离子的定向迁移，从而完成对水持续地深度除盐。EDI 工作时，离子交换、离子迁移及树脂电再生三种过程在其内部相伴发生，既保留了电渗析可连续脱盐及离子交换树脂可深度脱盐的优点，又克服了电渗析浓差极化所造成的不良影响及离子交换树脂需用酸、碱再生的麻烦。EDI 具有树脂用量少、占地面积小、不用酸碱再生、无废酸废碱排放、无环境污染、产水水质好、容易实现自动化等特点，可连续生产，过程稳定，是一种绿色环保生产技术。

实验室中使用最普遍的纯水是三级水，不仅可以直接用于一般分析实验，还可用于制备二级水乃至一级水。目前，各级纯水的制备方法如下。

三级水：可用蒸馏、去离子（离子交换及电渗析法）或反渗透等方法制取。

二级水：可用离子交换或多次蒸馏等方法制取，主要用于无机痕量分析实验。

一级水：可用二级水经过石英设备蒸馏或离子交换混合床处理后，再经 $0.2\mu m$ 孔滤膜过滤来制取。主要用于有严格要求的分析实验，包括对微粒有要求的实验，如高效液相色谱、电化学和原子光谱分析等。

由于分析实验中所用纯水来之不易，也较难于存放，因此，应根据不同的情况选用适当级别的纯水，并在保证实验要求的前提下，注意节约用水。

注意：本书中定量化学分析实验用水，除特别注明外，均使用三级水。

实验 2　分析实验中容量仪器的校准

【实验目的】

1. 了解滴定管、移液管和容量瓶校准的基本原理。
2. 初步掌握滴定管、移液管和容量瓶的校准方法。

【实验原理】

滴定管、移液管和容量瓶是分析化学实验中常用的玻璃量器，按照国家标准规定，仪器的容量误差均需小于一定的容量允差。为了满足对实验结果准确度的要求，往往要对这些仪器进行校准。

滴定管、移液管和容量瓶按其容量精度均可分为 A 级和 B 级。国家规定的滴定管的容量允差和水的流出时间见表 4-2。国家规定的移液管的容量允差和水的流出时间见表 4-3。国家规定的容量瓶的容量允差见表 4-4。

表 4-2　滴定管的允差和纯水流出时间（引自国家标准 GB 12805—1991）

标称总容量/mL		2	5	10	25	50	100
分度值/mL		0.02	0.02	0.05	0.1	0.1	0.2
容量允差/mL	A	±0.010	±0.010	±0.025	±0.050	±0.050	±0.100
	B	±0.020	±0.020	±0.050	±0.100	±0.100	±0.200
纯水的流出时间/s	A	20～35	30～45		45～70	60～90	70～100
	B	15～35	20～45		35～70	50～90	60～100
等待时间/s		30					

表 4-3　常用移液管的容量允差和水的流出时间（引自国家标准 GB 12808—1991）

标称容量/mL		2	5	10	20	25	50	100
容量允差/mL	A	±0.010	±0.015	±0.020	±0.030		±0.050	±0.080
	B	±0.020	±0.030	±0.040	±0.060		±0.100	±0.160
水的流出时间/s	A	7～12	15～25	20～30	25～35		30～40	35～45
	B	5～12	15～25	15～30	20～35		25～40	30～45

表 4-4　容量瓶的容量允差（引自国家标准 GB 12806—1991）

标称容量/mL		5	10	25	50	100	200	250	500	1000	2000
容量允差/mL	A	±0.02	±0.03	±0.05	±0.10	±0.15		±0.25	±0.40	±0.60	
	B	±0.04	±0.06	±0.10	±0.20	±0.30		±0.50	±0.80	±1.20	

仪器的校准是一项技术性很强的工作，操作要正确、规范。如果校准不当，则会产生容量误差，甚至超过允差或量器本身固有的误差。若需要使用校正值，则校准次数至少两次，且两次校准数据的偏差应不超过该量器容量允差的 1/4，并以其平均值作为校准结果。容量仪器的校准方法有绝对校准和相对校准之分。

绝对校准的方法是，称量被校准的量器中量入或量出纯水的表观质量，再根据当时水温下的表观密度计算出该量器在 20℃ 时的实际容量。相对校准应用于需配套使用的容量瓶和移液管之间。

【仪器及试剂】

酸式滴定管（50mL），移液管（25mL），容量瓶（100mL），具塞锥形瓶（50mL），温度计，烧杯（250mL），电子天平（百分之一，万分之一），铁架台。

蒸馏水。

【操作步骤】

1. 滴定管的校准

① 将一支 50mL 酸式滴定管洗净，擦干外壁后倒挂于铁架台上，静置 5min 以上。然后将其正挂过来，打开活塞，用洗耳球将水从管尖吸上来。注意观察液面上升过程中是否变形（即液面边缘是否起皱），如果变形，则应重新洗涤此滴定管。

② 确定滴定管洁净后，向管中注水至标线之上约 5mm 处，垂直挂在铁架台上等待 30s，然后将液面调节至 0.00 刻度线。

③ 取一个洗净晾干的 50mL 具塞锥形瓶，在电子天平上称量其质量（称准至 0.001g）。

④ 然后将滴定管中的水放入锥形瓶，当液面降至被校刻度线以上约 0.5mL 时，等待 15s。然后在 10s 内将液面调整至被校刻度线，随即用锥形瓶壁把挂在滴定管尖嘴下的液滴靠下来，立即盖上瓶塞后进行称量。

⑤ 测量水温后即可计算被校刻度线的实际容量，并求出校正值 ΔV。

⑥ 按照表 4-5 所列的容量间隔进行分段校准，每次都应从滴定管的 0.00 刻度线开始，每支滴定管重复校准一次。表 4-5 中 V_{20} 为标称容量。以滴定管被校刻度线的标称容量为横坐标，相应的校正值为纵坐标，绘出校准曲线。实际工作中，以实际读数加上从校准曲线上查出的校正值，即为所得溶液的真实体积。

表 4-5 滴定管校准记录表

校准分段 /mL	称量记录/g				纯水的质量/g			实际体积 V/mL	校正值 ΔV ($\Delta V = V - V_{20}$)/mL
	瓶	瓶＋水	瓶	瓶＋水	第 1 次	第 2 次	平均		

2. **移液管的校准**

① 取一个洗净晾干的 50mL 具塞锥形瓶，在电子天平上称量其质量（称准至

60

0.001g）。

②　用一只洁净的 25mL 移液管准确移取 25mL 纯水到锥形瓶中，立即盖上瓶塞后称量纯水和锥形瓶的总质量。两次质量之差即为移液管中转移出的纯水的质量。

③　将温度计插入纯水中 5～10min，测量水温，根据水的温度查出该温度下的纯水的表观密度，即可计算出移液管的实际容量。

3. 容量瓶的校准

①　取一个洗净晾干的 100mL 容量瓶，在电子天平上称量其质量（称准至 0.01g）。

②　取下容量瓶，注入纯水至标线以上几毫米，等待 2min 后，用滴管将多余的水吸出，使弯液面的最低点与标线水平相切，立即盖上瓶塞。

③　称量容量瓶和纯水的总质量，两次质量之差即为容量瓶所容纳水的质量。

④　然后插入温度计测量水温。查出该温度下纯水的表观密度，即可计算出容量瓶的实际容量。校准记录表见表 4-6。

表 4-6　容量瓶校准记录表

标称容量/mL	容量瓶质量/g	（容量瓶＋水）质量/g	纯水的质量/g	实际容量/mL	校正值/mL

4. 移液管与容量瓶的相互校准

实际工作中，通常需要容量瓶和移液管配合使用。存在的问题是二者的实际容量是否为准确的整数倍关系，因此二者需要进行相互校准。

用 25mL 移液管准确移取纯水 4 次到 100mL 容量瓶中，观察容量瓶中液面最低点是否与标线相切，若其间距超过 2mm，应重新做一标记。

此法在实际工作中使用较多，但相互校准后的移液管和容量瓶必须配套使用才有意义。

【思考题】

1. 为什么要对容量仪器进行校准？

2. 分段校准滴定管时，为何每次都要从 0.00 刻度线开始？

实验 3 天平称量练习

【实验目的】

1. 练习电子天平的基本操作，掌握常用的称量方法（直接称量法、差减称量法）。
2. 培养准确、整齐、简明地记录实验数据的习惯。

【仪器及试剂】

电子天平（万分之一），称量瓶，瓷坩埚，称量纸条或白棉手套，草酸钠（仅供称量练习使用）。

【操作步骤】

① 取一个瓷坩埚，在电子天平上称其质量，称准至 0.1mg，记录为 m_0；

② 取一个装有适量草酸钠的称量瓶，称其质量，称准至 0.1mg，记录为 m_1；

③ 采用差减称量法转移约 0.4～0.6g 样品至瓷坩埚中，准确称量并记录称量瓶及剩余试样的质量 m_2；

④ 准确称量盛有草酸钠的瓷坩埚的质量，记录为 m_1'；

⑤ 计算从称量瓶中倾出的草酸钠质量 m_s 和瓷坩埚中倾入的草酸钠质量 m_s'，计算称量偏差，要求 $|m_s - m_s'| \leqslant 0.4mg$；

⑥ 重复实验一次。

【思考题】

1. 本实验中为何要求称量偏差不大于 0.4mg？
2. 使用称量瓶时，如何操作才能保证试样不致损失？
3. 是否电子天平的灵敏度越高，称量的准确度越高？

【实验记录】

项　　目	编　号	
	1	2
（称量瓶＋试样质量）m_1/g		
（倾出部分样品后称量瓶＋试样质量）m_2/g		
倾出试样质量 m_s/g		
（坩埚＋试样质量）m_1'/g		
空坩埚质量 m_0/g		
坩埚中的试样质量 m_s'/g		
操作结果检验（$m_s - m_s'$）/g		

【实验总结】

实验 4　酸碱滴定法操作练习

【实验目的】

1. 练习滴定操作，掌握滴定管的正确使用和准确确定终点的方法。

2. 熟悉甲基红、酚酞指示剂的使用和终点的颜色变化，初步掌握酸碱指示剂的选择方法。

【实验原理】

NaOH 与 HCl 的滴定反应为：

$$NaOH + HCl = NaCl + H_2O$$

二者反应的物质的量比为 1:1，化学计量点时：

$$c(HCl)V(HCl) = c(NaOH)V(NaOH)$$

通过酸碱比较滴定，可以确定化学计量点时二者的体积比。因此，只要知道其中任何一种溶液的准确浓度，再根据它们的体积比就可求得另一溶液的浓度。

一定浓度的 HCl 和 NaOH 溶液，相互滴定时所消耗溶液的体积比应是一定的；改变被滴定溶液的量，终点时与消耗滴定剂的体积比也基本不变。可以借此操作来检验滴定操作技术及终点判断的准确程度。是否能准确判断滴定终点是影响滴定分析准确度的重要因素，必须熟练掌握。

$0.1mol \cdot L^{-1}$ HCl 和 $0.1mol \cdot L^{-1}$ NaOH 的相互滴定是强酸强碱的滴定，化学计量点时 pH = 7.00，滴定突跃范围比较大（4.30~9.70），因此凡是变色范围全部或部分落在突跃范围之内的指示剂，如甲基橙、甲基红、酚酞、甲基红-溴甲酚绿混合指示剂，都可以用来指示滴定终点。

通常我们选择颜色变化由浅到深，且颜色变化明显的指示剂。如果 NaOH 滴定 HCl，常用酚酞作指示剂，这样终点时溶液颜色由无色变为粉红色，易于观察。如果 HCl 滴定 NaOH，常用甲基红作指示剂，终点时溶液颜色由黄色变为橙色。

【仪器及试剂】

酸式滴定管（50mL），碱式滴定管（50mL），锥形瓶（250mL）。

HCl($0.1mol \cdot L^{-1}$)，NaOH($0.1mol \cdot L^{-1}$)，酚酞指示剂（0.2%），甲基红指示剂（0.2%）。

【操作步骤】

1. 滴定管的准备

选择合适的酸式及碱式滴定管，检查是否漏水。酸式滴定管如果漏水，需要涂凡士林。检查碱式滴定管的乳胶管是否老化，若老化，需要更换；检查玻璃珠大小是否合适，若不合适，需要更换。将检查过的滴定管洗净，用相应溶液润洗后备用。

2. 滴定操作练习和滴定终点判断练习

分别将 $0.1mol \cdot L^{-1}$ HCl 和 $0.1mol \cdot L^{-1}$ 的 NaOH 装入酸式滴定管和碱式滴定管中至 0.00 刻度线上，驱除活塞及乳胶管下端的气泡，调节液面至 0.00 刻度线附近。静置 1min 后方可读数。

由碱式滴定管放出约 20mL NaOH 溶液于一洁净的锥形瓶中，加 2～3 滴甲基红指示剂，观察其颜色。然后从酸式滴定管中将酸溶液渐渐滴入锥形瓶中，边滴边摇动锥形瓶，使溶液充分反应。待滴定近终点（能看出滴定剂加入瞬间，锥形瓶中溶液出现红色，渐褪至黄色）时，可用少量去离子水冲洗在瓶壁上的酸液，再继续逐滴或半滴滴定至溶液恰好由黄色转变为橙色为止，再滴入 1 滴盐酸，观察溶液呈现的红色，再用 NaOH 溶液滴至黄色。如此反复滴加 HCl 和 NaOH 溶液，直到能做到加入半滴 NaOH 溶液恰由橙色变黄色，再滴入半滴 HCl 溶液由黄色变橙色，即能控制半滴溶液的滴入并观察到终点颜色改变。

也可由酸式滴定管放出 20mL HCl 溶液，加入 1～2 滴酚酞指示剂，用 NaOH 溶液滴定到溶液由无色变为粉红色来练习终点的判断和滴定操作（但用 HCl 回滴时溶液由浅粉色变至无色不易观察）。

3. 用 NaOH 溶液滴定 HCl 溶液

① 将酸和碱标准溶液分别装满酸式和碱式滴定管（注意赶尽气泡和除去管尖端悬挂的液滴），并分别将液面调至 0.00 刻度线（或 0.00～5.00 之间）。记录初读数。以 $10mL \cdot min^{-1}$ 的流速放出 20～25mL HCl（读至 0.01mL）于锥形瓶中，加入 2～3 滴酚酞指示剂。

② 用 NaOH 溶液滴定至溶液由无色恰变浅粉红色，并在 30s 内不褪色，即为终点，记录 NaOH 溶液体积。

③ 平行测定三次（每次测定都必须将酸溶液、碱溶液装至 0.00 刻度线附近，且每次滴定所取体积最好不同，以免产生主观误差），计算 $V(HCl)/V(NaOH)$，三次测定结果要求相对极差不大于 0.3%。

4. 用 HCl 溶液滴定 NaOH 溶液

① 将酸和碱标准溶液分别装满酸式和碱式滴定管（注意赶尽气泡和除去管尖端悬挂的液滴），并分别将液面调至 0.00 刻度线（或 0.00～5.00 之间）。记录读数。以 $10mL \cdot min^{-1}$ 的流速放出 20mL NaOH（读至 0.01mL）于锥形瓶中，加入 1～2 滴甲基红指示剂。

② 用 HCl 溶液滴定至溶液由黄色恰变橙色即为终点，记录读数。

③ 再从碱式滴定管中放出约 2mL NaOH 溶液（此时碱式滴定管读数约为 22mL），继续用 HCl 溶液滴定至溶液由黄色恰变橙色即为终点，记录读数。

④ 如此连续滴定五次。得到五组数据，均为累计体积。计算每次滴定的 $V(HCl)/V(NaOH)$，相对极差不大于 0.3%。否则要重新连续滴定五次。

【思考题】

1. 如何检验滴定管已洗净？标准溶液装入滴定管前，为什么需要以标准溶液润洗三次？用于滴定的锥形瓶和烧杯需要用所装溶液润洗吗？为什么？

2. 用甲基红、酚酞两种指示剂进行酸碱比较滴定时，为什么酸碱体积比 $V(HCl)/V(NaOH)$ 不相等？

3. 当从酸管中放出 25mL HCl 溶液后，能否立即读数记录，为什么？应何时读数？

4. 滴定两份相同试液时，若第一份用去标准溶液约 20mL，在滴定第二份试液时，能否继续用余下的溶液？为什么？滴定管读数的起点为什么每次最好调到 0.00 刻度附近？

【实验记录】

（1）氢氧化钠溶液滴定盐酸溶液

项　目	编　号		
	1	2	3
HCl 终读数			
HCl 初读数			
$V(HCl)/mL$			
NaOH 终读数			
NaOH 初读数			
$V(NaOH)/mL$			
$V(HCl)/V(NaOH)$			
$V(HCl)/V(NaOH)$（平均值）			
相对极差			

（2）盐酸溶液滴定氢氧化钠溶液

项　目	编　号				
	1	2	3	4	5
$V(NaOH)/mL$					
HCl 终读数					
HCl 初读数					
$V(HCl)/mL$					
$V(HCl)/V(NaOH)$					
$V(HCl)/V(NaOH)$（平均值）					
相对极差					

【实验总结】

实验 5　酸碱标准溶液的配制

【实验目的】

掌握酸碱标准溶液的配制。

【实验原理】

酸碱滴定中常用盐酸和氢氧化钠溶液作为滴定剂，盐酸和氢氧化钠溶液需要用间接法进行配制，因为浓盐酸易挥发，氢氧化钠容易吸收空气中的二氧化碳和水分。所配制的酸碱溶液的浓度是近似的，因此还必须经过标定来确定它们的准确浓度。在一些实验中，含有少量碳酸钠的氢氧化钠溶液会对终点颜色观察和滴定结果产生影响，要求配制不含 CO_3^{2-} 的氢氧化钠溶液。这种溶液的配制需要预先配制饱和的氢氧化钠溶液，其含量约为 50%（在 20℃时浓度约为 $19mol \cdot L^{-1}$），这种溶液不溶解碳酸钠。取适量该溶液，用刚煮沸并已冷却的蒸馏水稀释后进行标定，便可以得到不含 CO_3^{2-} 的氢氧化钠溶液。

【仪器及试剂】

电子天平（百分之一），量筒（10mL，50mL，1000mL），烧杯（100mL），细口试剂瓶（1L），塑料试剂瓶（1L）。

浓盐酸（A.R.），固体 NaOH（A.R.），饱和 NaOH 溶液。

【操作步骤】

① 盐酸标准溶液 $[c(HCl) \approx 0.1mol \cdot L^{-1}]$ 的配制：用大量筒量取 1000mL 的蒸馏水，将约一半蒸馏水倒入 1L 的洁净细口试剂瓶中，用洁净的 10mL 量筒量取适量的浓盐酸 $[$自行计算，浓盐酸相对密度 $1.18g \cdot mL^{-1}$，$w(HCl) = 37\%$，约 $12mol \cdot L^{-1}]$，加入细口试剂瓶中，轻摇，再将大量筒中剩余的蒸馏水加入试剂瓶，盖好瓶塞，充分摇匀。浓盐酸易挥发，操作应在通风橱中进行。

② 氢氧化钠标准溶液 $[c(NaOH) \approx 0.1mol \cdot L^{-1}]$ 的配制：用大量筒量取 1000mL 的蒸馏水，将约一半蒸馏水倒入 1L 的塑料试剂瓶中，在天平上迅速称取适量分析纯 NaOH 固体（自行计算）于 100mL 的烧杯中，马上加入约 30mL 的蒸馏水溶解，稍微冷却后转移至塑料试剂瓶中，轻摇，再将大量筒中剩余的蒸馏水加入试剂瓶，盖好瓶塞，充分摇匀。

③ 不含碳酸钠的氢氧化钠标准溶液 $[c(NaOH) \approx 0.1mol \cdot L^{-1}]$ 的配制：煮沸 1000mL 的蒸馏水，冷却至室温后倒入塑料试剂瓶中，加入适量饱和氢氧化钠溶液（自行计算），盖好瓶塞，充分摇匀。

④ 上述溶液配好后，分别贴上标签，写上试剂名称、日期、专业、姓名，保

存备用。

【思考题】

1. 为什么要采用间接法配制酸碱溶液？

2. 配制 HCl 溶液及 NaOH 溶液所用的水的体积，是否需要准确量取？为什么？

3. 装 NaOH 溶液应该用什么试剂瓶？为什么？

实验 6　NaOH 标准溶液的标定

【实验目的】

1. 掌握碱式滴定管的使用。
2. 掌握酚酞指示剂的变色范围和滴定终点的判断。

【实验原理】

NaOH 容易吸收空气中的水蒸气和 CO_2，故不可用直接法配制标准溶液，需要用间接法先粗配 NaOH 溶液，然后用基准物质标定其准确浓度。

常用来标定 NaOH 的基准物质有草酸（$H_2C_2O_4 \cdot 2H_2O$）和邻苯二甲酸氢钾（$KHC_8H_4O_4$）。邻苯二甲酸氢钾是两性物质（$pK_a^{\ominus}$ 为 5.4），易制得纯品，不易吸水，易保存；与 NaOH 按摩尔比 1：1 反应，且摩尔质量大（$204.2g \cdot mol^{-1}$），可相对降低称量误差，故可直接称取数份做标定用，是标定碱的较理想的基准物质。NaOH 与邻苯二甲酸氢钾的反应方程式为：

$$KHC_8H_4O_4 + NaOH \Longrightarrow KNaC_8H_4O_4 + H_2O$$

化学计量点时，溶液的 $pH \approx 9.0$，用酚酞作指示剂。

由反应式可知：

$$c(NaOH) = \frac{m(KHC_8H_4O_4)}{M(KHC_8H_4O_4)V(NaOH)}$$

【仪器及试剂】

电子天平（万分之一），碱式滴定管（50mL），锥形瓶（250mL）。

酚酞指示剂（0.2%），邻苯二甲酸氢钾（A.R），待测 NaOH 溶液（$c \approx 0.1mol \cdot L^{-1}$）。

【操作步骤】

① 在电子天平上用差减称量法准确称取（按计算量）邻苯二甲酸氢钾三份，分别置于已编号的锥形瓶中。

② 各加约 30mL 的蒸馏水溶解（如没有完全溶解，可稍微加热，之后必须冷却至室温），加入 2 滴酚酞指示剂。

③ 用 $0.1mol \cdot L^{-1}$ NaOH 溶液滴定至溶液呈浅粉色，30s 内不褪色即到终点。

④ 平行标定三份，计算 NaOH 标准溶液的浓度，标定结果的相对极差不得大于 0.3%。

【思考题】

1. 滴定中指示剂酚酞的用量对实验结果有无影响？

2. 基准物质称完后，需加 30mL 蒸馏水溶解，蒸馏水的体积是否要准确量取？为什么？

【实验记录】

项　　目	编　　号		
	1	2	3
$KHC_8H_4O_4$ 质量/g			
NaOH 终读数			
NaOH 初读数			
$V(NaOH)/mL$			
$c(NaOH)/mol \cdot L^{-1}$			
$\bar{c}(NaOH)/mol \cdot L^{-1}$			
相对极差			

【实验总结】

实验 7　盐酸标准溶液的标定

【实验目的】

1. 掌握酸式滴定管的操作。
2. 熟悉甲基红的使用和终点颜色的判断。

【实验原理】

由于市售盐酸的浓度不确定，且浓盐酸易挥发，所以常采用间接法配制盐酸标准溶液。标定 HCl 的基准物质通常有无水碳酸钠（Na_2CO_3）和硼砂（$Na_2B_4O_7 \cdot 10H_2O$）。由于硼砂的摩尔质量较大、吸湿性较小、易于制得纯品，所以更为常用。计量点时的 pH＝5.12，故选用甲基红作指示剂。

$$Na_2B_4O_7 \cdot 10H_2O + 2HCl == 4H_3BO_3 + 5H_2O + 2NaCl$$

由反应式可知：

$$c(HCl) = \frac{2m(Na_2B_4O_7 \cdot 10H_2O)}{M(Na_2B_4O_7 \cdot 10H_2O)V(HCl)}$$

【仪器及试剂】

电子天平（万分之一），酸式滴定管（50mL），锥形瓶（250mL）。

HCl 溶液（$0.1mol \cdot L^{-1}$），硼砂（$Na_2B_4O_7 \cdot 10H_2O$，A.R.，保存在盛有蔗糖和食盐饱和水溶液的干燥器中，防止其风化），甲基红指示剂（0.2%）。

【操作步骤】

① 在电子天平上用差减法准确称取（按计算量）三份硼砂，分别置于已编号的锥形瓶中。

② 各加入约 30mL 蒸馏水使之溶解（必要时可微热之）。

③ 加入 2 滴甲基红指示剂，用 $0.1mol \cdot L^{-1}$ 盐酸溶液进行滴定，到达终点时溶液由黄色突变至橙色。

④ 准确记录消耗盐酸溶液的体积，并计算其准确浓度。平行测定三次，结果的相对极差不得大于 0.3%。

【思考题】

1. 若以无水 Na_2CO_3 为基准物质标定盐酸，使用前应先在 270～300℃进行干燥，若温度过高，部分 Na_2CO_3 分解为 Na_2O。用此碳酸钠标定盐酸，标定结果将偏高还是偏低？

2. 滴定前锥形瓶是否需要干燥？

【实验记录】

项 目	编 号		
	1	2	3
$Na_2B_4O_7 \cdot 10H_2O$ 质量/g			
HCl 终读数			
HCl 初读数			
$V(HCl)/mL$			
$c(HCl)/mol \cdot L^{-1}$			
$\bar{c}(HCl)/mol \cdot L^{-1}$			
相对极差			

【实验总结】

72

实验 8 氨水中的氨含量测定

【实验目的】

1. 掌握用返滴法测定 NH_3 的浓度。
2. 进一步熟悉移液管的使用。

【实验原理】

$NH_3 \cdot H_2O$ 是一种弱碱，其 $K_b^{\ominus} > 10^{-7}$，理论上可用强酸直接滴定，但由于 $NH_3 \cdot H_2O$ 易挥发，故普遍采用返滴法，即先取一定量过量的 HCl 标准溶液，再加入一定量的氨水，用 NaOH 标准溶液滴定与 $NH_3 \cdot H_2O$ 反应后剩余的 HCl。

$$NH_3 \cdot H_2O + HCl(过量) \Longrightarrow NH_4Cl + H_2O$$

$$NaOH + HCl(剩余) \Longrightarrow NaCl + H_2O$$

化学计量点时，溶液 pH 约为 5.3，故选甲基红为指示剂。结果以 ρ_{NH_3} 来表示：

$$\rho_{NH_3} = \frac{[c(HCl)V(HCl) - c(NaOH)V(NaOH)]M(NH_3)}{V(NH_3)}$$

【仪器及试剂】

移液管（25mL），酸式滴定管（50mL），碱式滴定管（50mL），锥形瓶（250mL）。

HCl 标准溶液，NaOH 标准溶液，甲基红指示剂（0.2%），氨水试样。

【操作步骤】

① 从酸式滴定管中缓慢放出约 40.00mL（读数至 0.01mL）HCl 标准溶液于锥形瓶中，然后用移液管吸取 25.00mL 氨水试样，置于上述盛有 HCl 标准溶液的锥形瓶中。

② 加入 2 滴甲基红指示剂，溶液呈红色（若呈黄色说明 HCl 量不足，需适量补加）。用 NaOH 标准溶液滴定至溶液刚由红色变为橙色，即为终点。

③ 记录所用 NaOH 标准溶液的体积，计算 $\rho(NH_3)$（g·L^{-1}）。平行测定三次，平行滴定结果的相对极差不得大于 0.3%。

【思考题】

1. NH_3 的测定为什么需要用返滴定法？
2. 滴定时，为什么选用甲基红作为指示剂？

项　目	编　号		
	1	2	3
$c(\mathrm{HCl})/\mathrm{mol} \cdot \mathrm{L}^{-1}$			
$c(\mathrm{NaOH})/\mathrm{mol} \cdot \mathrm{L}^{-1}$			
$V(\mathrm{NH_3} \cdot \mathrm{H_2O})/\mathrm{mL}$			
HCl 终读数			
HCl 初读数			
$V(\mathrm{HCl})/\mathrm{mL}$			
NaOH 终读数			
NaOH 初读数			
$V(\mathrm{NaOH})/\mathrm{mL}$			
$\rho(\mathrm{NH_3})/\mathrm{g} \cdot \mathrm{L}^{-1}$			
$\bar{\rho}(\mathrm{NH_3})/\mathrm{g} \cdot \mathrm{L}^{-1}$			
相对极差			

【实验总结】

74

实验 9 食醋中总酸含量测定

【实验目的】

1. 巩固滴定、溶液转移和配制标准溶液等基本操作。
2. 掌握滴定法测定总酸的原理及操作要点。

【实验原理】

食醋的主要成分是醋酸（CH_3COOH），此外还含有少量的其他弱酸，如乳酸等。醋酸的解离常数 $K_a^{\ominus}=1.8\times10^{-5}>10^{-7}$，故可用 NaOH 标准溶液滴定，其反应式是：

$$NaOH+CH_3COOH \Longrightarrow CH_3COONa+H_2O$$

当用 NaOH 标准溶液滴定醋酸溶液时，化学计量点的 pH 约为 8.7，可用酚酞作指示剂，滴定终点时溶液由无色变为浅粉色。由于食醋常常颜色较深，用活性炭脱色困难时，不便用指示剂观察终点，滴定终点也可以用 pH 计指示。另外，常用食醋中可能存在的其他各种形式的酸也与 NaOH 反应，所得应为总酸度。

$$\rho(HAc)=\frac{c(NaOH)V(NaOH)M(HAc)}{V(HAc)}$$

【仪器及试剂】

移液管（25mL），容量瓶（250mL），碱式滴定管（50mL），锥形瓶（250mL）。

食醋样品（用 25.00mL 移液管吸取食用醋试液一份，置于 250mL 容量瓶中，用蒸馏水稀释至刻度，摇匀备用），NaOH 标准溶液，酚酞指示剂（0.2%）。

【操作步骤】

① 用移液管吸取 25.00mL 食醋样品，置于 250mL 锥形瓶中，加入酚酞指示剂 2 滴，用 NaOH 标准溶液滴定，直到溶液由无色变为浅粉色，并保持 30s 内不褪色即为滴定终点。

② 平行测定三份试样，记录滴定时消耗的 NaOH 溶液的体积。测定结果的相对极差应小于 0.3%。

③ 根据测定结果计算试样中总酸的含量，以 $\rho(g \cdot L^{-1})$ 表示。

【注意事项】

1. 由于食醋中酸的浓度较大（3%~6%），加上颜色较深会影响终点判断，故需要稀释后测定。

2. 标定后的 NaOH 标准溶液在保存时若吸收了空气中的 CO_2，以它测定食醋中醋酸的浓度，用酚酞作为指示剂，则测定结果会偏高。为使测定结果准确，应重新标定。

【思考题】

1. 滴定醋酸为什么采用酚酞作指示剂，而不用甲基橙和甲基红？

2. 滴定完毕，酚酞指示剂由无色变为微红，为什么长时间放置后又变为无色？

【实验记录】

项　目	编　号		
	1	2	3
$c(NaOH)/mol \cdot L^{-1}$			
$V(HAc)/mL$		25.00	
NaOH 终读数			
NaOH 初读数			
$V(NaOH)/mL$			
$\overline{V}(NaOH)/mL$			
$\rho(HAc)/g \cdot L^{-1}$			

【实验总结】

76

实验 10　碱面中碱含量测定

【实验目的】

1. 巩固滴定、溶液转移和配制标准溶液等基本操作。
2. 掌握指示剂的选择和终点颜色的变化。

【实验原理】

碱面的主要成分是碳酸钠（Na_2CO_3），商品名为苏打，内含有杂质 $NaCl$、Na_2SO_4、$NaHCO_3$ 等。CO_3^{2-} 的 $K_{b1}^{\ominus}=1.8\times10^{-4}$、$K_{b2}^{\ominus}=2.4\times10^{-8}$，可通过盐酸滴定总碱度的方法来衡量产品的质量。利用 HCl 标准溶液滴定总碱量的反应为：

$$CO_3^{2-}+2H^+ \Longrightarrow H_2CO_3$$

所生成的碳酸易饱和而生成二氧化碳溢出，其饱和水溶液的 pH 为 3.9，因此可利用甲基橙作指示剂至由黄色到橙色为终点。在这个过程中 $NaHCO_3$ 也被中和。也可以选用甲基橙-靛蓝二磺酸钠混合指示剂，终点时溶液由绿色变为灰色。

$$w(Na_2CO_3)=\frac{\frac{1}{2}V(HCl)c(HCl)M(Na_2CO_3)}{m_s}$$

如果需要分别测量碱面中 $NaHCO_3$ 和 Na_2CO_3 的含量，可利用双指示剂法进行滴定。测定时，先加入酚酞指示剂用盐酸滴定至溶液变为无色（pH 8.3），读出消耗 HCl 的量，此时 CO_3^{2-} 转化为 HCO_3^-，为第一滴定终点；在同一溶液中加入甲基橙继续滴定至溶液变为橙色，此时 HCO_3^- 变为碳酸，为第二终点。消耗 HCl 的总量对应总碱量。根据两终点可分别计算碱面中 $NaHCO_3$ 和 Na_2CO_3 的含量。

【仪器及试剂】

电子天平（万分之一），移液管（25mL），容量瓶（250mL），酸式滴定管（50mL），锥形瓶（250mL），烧杯（100mL）。

碱面（市售），甲基橙－靛蓝二磺酸钠混合指示剂，酚酞指示剂（0.2%），甲基橙指示剂（0.2%），HCl 标准溶液。

【操作步骤】

1. 碱面中总碱量的测定

① 用电子天平准确称取质量分数约为 95% 的一定量（自行计算）碱面，用约 40mL 蒸馏水溶解后转移至 250mL 容量瓶中，定容。

② 准确移取 25.00mL 待测溶液到 250mL 锥形瓶中，加 6 滴甲基橙-靛蓝二磺酸钠指示剂（或 1~2 滴甲基橙指示剂），用盐酸标准溶液滴定至由绿色变为灰色（或由黄色到橙色），注意临近终点要充分振荡锥形瓶以免二氧化碳过饱和，记下消

耗盐酸的体积。

③ 平行测定三次，计算总碱量 $w(Na_2CO_3)$。结果相对极差不大于 0.3%。

2. 碱面中 $NaHCO_3$ 和 Na_2CO_3 的含量的测定

① 准确移取 $25.00mL$ 待测溶液到 $250mL$ 锥形瓶，加 $1\sim2$ 滴酚酞指示剂，用盐酸滴定至溶液红色恰好消失，记录消耗盐酸的体积 V_1。

② 加入 $1\sim2$ 滴甲基橙指示剂，用盐酸滴定至由黄色到橙色，记下消耗盐酸的体积 V_2。

③ 平行测定三次，计算试样中 $w(Na_2CO_3)$ 和 $w(NaHCO_3)$。结果相对极差不大于 0.3%。

【注意事项】

临近终点时滴定操作要注意，滴入酸后要充分振荡锥形瓶使其反应充分，并及时赶走生成的二氧化碳，使终点判断准确。

【思考题】

1. 如果待测样品由于长时间放置而吸水，对测量结果有何影响？

2. 如果待测样品中是 $NaOH$ 和 Na_2CO_3，该如何设计实验进行测定？

【实验记录】

项　目	编　号		
	1	2	3
m_s/g			
$c(HCl)/mol \cdot L^{-1}$			
HCl 终读数			
HCl 初读数			
$V(HCl)/mL$			
$\bar{V}(HCl)/mL$			
总碱量 $w(Na_2CO_3)$			

【实验总结】

实验 11　EDTA 标准溶液的配制与标定

【实验目的】

1. 掌握配位滴定的基本原理和特点。
2. 掌握 EDTA 的配制与标定的方法。
3. 熟悉金属指示剂的应用。

【实验原理】

乙二胺四乙酸简称 EDTA，易溶于 NaOH 和氨溶液，难溶于酸和有机溶剂。它在水中的溶解度小，故常把它配成二钠盐，用 $Na_2H_2Y \cdot 2H_2O$ 表示，习惯上也简称为 EDTA。由于 EDTA 反应性强，不易得纯品，实验中常采用间接法配制成所需要的大约浓度，然后用基准物质进行标定。基准物质可以采用 Cu、Zn、Pb 等，或者某些盐类，如 $CaCO_3$、$MgSO_4 \cdot 7H_2O$ 等。基准物质的选择原则是尽可能地与测定的实验条件一致，从而尽可能地减少误差。如果对实验要求不高，可以直接配制使用。

本实验以 $CaCO_3$ 作为基准物质标定 EDTA 溶液。用 EDTA 溶液滴定含铬黑 T 指示剂的钙离子标准溶液，当溶液由酒红色变为蓝色时即为终点。

【仪器及试剂】

电子天平（万分之一），酸式滴定管（50mL），移液管（25mL），锥形瓶（250mL），容量瓶（250mL），烧杯（50mL），称量瓶，塑料试剂瓶。

EDTA（A.R.），碳酸钙（A.R.），NH_3-NH_4Cl 缓冲溶液（pH＝10），固体铬黑 T 指示剂，Mg^{2+}-EDTA 溶液，稀 HCl（1∶1），去离子水。

【操作步骤】

1. 钙标准溶液的配制及 EDTA 溶液的粗配

① 用差减法准确称量（按计算量）碳酸钙于干净的小烧杯中，先用少量去离子水润湿，滴加 1∶1 的 HCl 溶液 10mL，加热溶解。冷却后，将溶液定量转移至 250mL 容量瓶中，用去离子水稀释至刻度，摇匀。计算钙标准溶液的浓度。

② 称取适量（自行计算）EDTA（浓度约为 0.01mol·L^{-1}）于 100mL 烧杯中，加去离子水温热，完全溶解，冷却后转移至塑料试剂瓶中，稀释到 250mL，摇匀，备用。

2. EDTA 溶液的标定

① 用移液管移取 25.00mL 标准钙溶液于锥形瓶中，加 20mL 去离子水和 5mL Mg^{2+}-EDTA，然后加 10mL NH_3-NH_4Cl 缓冲溶液及适量固体铬黑 T 指示剂。

② 立即用配制的 EDTA 滴定，当溶液由酒红色转变为蓝色时即为终点。

③ 平行标定三次。根据滴定消耗的 EDTA 的准确体积和钙标准溶液的浓度计算 EDTA 溶液的准确浓度。

3. 直接配制法配制 $0.01 mol \cdot L^{-1}$ EDTA 标准溶液

一般分析工作，EDTA 可用直接法配制。用电子天平准确称取一定量的 ED-TA（自行计算），加去离子水溶解（微热），冷却后定量转移至 250mL 容量瓶中，定容。

【注意事项】

1. 碳酸钙基准试剂加 HCl 溶解时要缓慢，以防二氧化碳冒出时带走一部分溶液。

2. 在配制 EDTA 溶液时要保证固体全部溶解。

3. 配位反应速度较慢，因此滴定时速度不能过快，尤其是接近终点时，应逐滴加入并充分摇动。

【思考题】

1. EDTA 溶液的标定反应中为什么要加入 Mg^{2+}-EDTA？

2. 滴定反应为什么在缓冲溶液中进行？

实验 12 水的总硬度测定

【实验目的】

1. 学会判断配位滴定的终点。
2. 掌握配位滴定的基本原理和方法。
3. 了解缓冲溶液的应用。

【实验原理】

测定自来水的硬度，一般采用配位滴定法，用 EDTA 标准溶液滴定水中的 Ca^{2+}、Mg^{2+} 的总量，然后换算为相应的硬度单位。

用 EDTA 滴定 Ca^{2+}、Mg^{2+} 总量时，一般是在 $pH=10$ 的氨性缓冲溶液中进行，用 EBT（铬黑 T）作指示剂。化学计量点前，Ca^{2+}、Mg^{2+} 和 EBT 生成紫红色配合物，当用 EDTA 溶液滴定至化学计量点时，游离出指示剂，溶液呈现纯蓝色。

滴定时，Fe^{3+}、Al^{3+} 等干扰离子，用三乙醇胺掩蔽；Cu^{2+}、Pb^{2+}、Zn^{2+} 等重金属离子则可用 KCN、Na_2S 或巯基乙酸等掩蔽。

我国生活饮用水标准规定，总硬度以 $CaCO_3$ 计，不得超过 $450mg \cdot L^{-1}$。本实验以 $CaCO_3$ 的质量浓度（$mg \cdot L^{-1}$）表示水的总硬度。

$$\rho(CaCO_3) = 1000 \times \frac{c(EDTA)V(EDTA)M(CaCO_3)}{V(H_2O)}$$

【仪器及试剂】

酸式滴定管（50mL），移液管（50mL），锥形瓶（250mL），容量瓶（250mL）。

NH_3-NH_4Cl 缓冲溶液（$pH=10$），固体铬黑 T 指示剂，EDTA 标准溶液（$0.01mol \cdot L^{-1}$），三乙醇胺，水样。

【操作步骤】

① 移取 50mL 水样，加入三乙醇胺 3mL，氨性缓冲溶液 5mL，适量 EBT 指示剂，充分摇动使铬黑 T 完全溶解，此时溶液呈紫红色。

② 立即用 EDTA 标准溶液滴定，溶液由紫红色变为纯蓝色即为终点，近终点时一定要一滴一滴加入，每加一滴，都要用力摇动。

③ 平行测定三份，所用 EDTA 体积极差不得超过 0.05mL。计算水的总硬度，以 $CaCO_3$（$mg \cdot L^{-1}$）表示。

如果水样中 HCO_3^- 含量较高，加入缓冲溶液后会出现 $CaCO_3$ 沉淀，使测定无法进行。可事先加入 2 滴 1∶1 HCl，煮沸，除去 CO_2，冷却后再进行滴定。

如果水中含 Al^{3+}、Fe^{3+} 等离子，对指示剂有封闭作用，则应加入三乙醇胺等掩蔽剂。

【思考题】

1. 水的总硬度的表示方法有哪些？

2. 使用金属指示剂时应注意哪些事项？

【实验记录】

项　　目	编　号		
	1	2	3
EDTA 质量/g			
$c(EDTA)/\text{mol} \cdot L^{-1}$			
$V(H_2O)/mL$			
EDTA 终读数			
EDTA 初读数			
$V(EDTA)/mL$			
$\overline{V}(EDTA)/mL$			
$\rho(CaCO_3)/\text{mg} \cdot L^{-1}$			

【实验总结】

82

实验 13　溶液中铅、铋含量的连续滴定

【实验目的】

1. 掌握通过控制酸度进行混合液中金属离子连续滴定的条件选择。

2. 掌握铅、铋混合溶液中连续测定的分析方法。

【实验原理】

EDTA 可以与溶液中的 Pb^{2+} 和 Bi^{3+} 分别形成稳定的 1∶1 配合物 $[lgK_f^{\ominus}$ $(PbY)=18.04$，$lgK_f^{\ominus}(BiY)=27.94]$。两者的 $lgK_f^{\ominus}$ 相差较大，可以利用酸效应，通过控制不同的酸度实现分量的测定。

$$Bi^{3+}+H_2Y^{2-}\Longrightarrow BiY^-+2H^+$$

$$Pb^{2+}+H_2Y^{2-}\Longrightarrow PbY^{2-}+2H^+$$

在 Bi^{3+}-Pb^{2+} 混合溶液中，调节溶液 $pH\approx1$，二甲酚橙为指示剂，此时 Bi^{3+} 与指示剂会形成紫红色配合物（此时 Pb^{2+} 不与二甲酚橙形成有色配合物），可以滴定 Bi^{3+} 至溶液由紫红色恰好变为黄色，即为滴定 Bi^{3+} 的终点。在溶液中，加入六亚甲基四胺溶液，调节溶液 $pH=5\sim6$，此时 Pb^{2+} 与二甲酚橙形成紫红色配合物，继续滴定至溶液由紫红色恰好变为黄色，即为滴定 Pb^{2+} 的终点。

$$c(Bi^{3+})=\frac{c(EDTA)V_1(EDTA)}{V(试样)}$$

$$c(Pb^{2+})=\frac{c(EDTA)V_2(EDTA)-c(EDTA)V_1(EDTA)}{V(试样)}$$

【仪器及试剂】

酸式滴定管（50mL），移液管（25mL），量筒（10mL），锥形瓶（250mL）。

Bi^{3+}-Pb^{2+} 混合溶液（含 Bi^{3+}、Pb^{2+} 各约 0.01mol·L^{-1}，$pH\approx1$），EDTA 标准溶液（0.01mol·L^{-1}），二甲酚橙指示剂（0.2%），六亚甲基四胺溶液（20%）。

【操作步骤】

1. 0.01mol·L^{-1} EDTA 标准溶液的配制（见实验 11）

2. Bi^{3+}-Pb^{2+} 混合溶液的测定

① 用移液管准确移取 25.00mL Bi^{3+}-Pb^{2+} 混合试液于 250mL 锥形瓶中，加入 3 滴二甲酚橙指示剂，用 EDTA 标准溶液滴定（先摇匀）至溶液由紫红色恰变为黄色，即为 Bi^{3+} 的终点。记录体积 V_1。

② 在溶液中，加入 10mL 20% 六亚甲基四胺溶液，溶液呈紫红色（此时溶液

的 pH 约为多少?），继续用 EDTA 标准溶液滴定至溶液由紫红色恰变为黄色，即为滴定 Pb^{2+} 的终点。记录体积 V_2。

③ 平行测定三份，三份滴定所消耗的 EDTA 的体积极差不大于 0.05mL。分别计算试液中 Bi^{3+}、Pb^{2+} 的浓度。

【注意事项】

Pb^{2+}、Bi^{3+} 与 EDTA 反应的速度较慢，滴定时速度不宜太快，且要激烈振荡。

【思考题】

1. 为什么用六亚甲基四胺调节溶液酸度? 不用 NaOH、NaAc 或 $NH_3 \cdot H_2O$?

2. 能否在同一份试液中先在 pH＝5～6 的溶液中测定 Pb^{2+} 和 Bi^{3+} 的含量，而后再调节 pH≈1 时测定 Bi^{3+} 离子的含量?

3. 描述滴定 Pb^{2+}、Bi^{3+} 过程中，锥形瓶中溶液颜色变化的情形及原因。

【实验记录】

项　　目	编　　号		
	1	2	3
$c(EDTA)/mol \cdot L^{-1}$			
V(试样)/mL			
$V(EDTA)$终读数			
$V(EDTA)$初读数			
$V_1(EDTA)/mL$			
$\overline{V}_1(EDTA)/mL$			
$V(EDTA)$终读数			
$V_2(EDTA)/mL$			
$\overline{V}_2(EDTA)/mL$			
$\overline{c}(Bi^{3+})/mol \cdot L^{-1}$			
$\overline{c}(Pb^{2+})/mol \cdot L^{-1}$			

【实验总结】

84

实验 14　重量法测定 BaCl₂ 的质量分数

【实验目的】

1. 了解重量法测定 $BaCl_2 \cdot 2H_2O$ 中钡含量的基本原理和方法。

2. 学习重量法中晶形沉淀的制备方法，掌握过滤、洗涤、灼烧及恒重的基本操作技术，建立恒重的概念。

【实验原理】

重量法通过直接沉淀和称量来测定物质的含量，测定结果的准确度很高。最常用的沉淀重量法是将待测组分以难溶化合物形式从溶液中沉淀出来，沉淀经过陈化、过滤、洗涤、干燥或灼烧后，转化为称量形式称重，最后通过化学计量关系计算得出分析结果。尽管沉淀重量法的操作烦琐、耗时长，但由于该方法具有不可替代的优点，因此在常量的 S、Ba、P、Si 等元素及其化合物的定量分析中还经常用到。

$BaSO_4$ 重量法可以用于测定 Ba^{2+} 和 SO_4^{2-} 的含量。

一定量的 $BaCl_2 \cdot 2H_2O$ 溶解后，用稀 HCl 溶液酸化，加热至微沸，在不断搅动的条件下，慢慢地滴加稀、热的 H_2SO_4，Ba^{2+} 与 SO_4^{2-} 反应生成晶形沉淀。沉淀经陈化、过滤、洗涤、烘干、炭化、灰化、灼烧后，以 $BaSO_4$ 形式称量。根据称量结果计算出 $BaCl_2 \cdot 2H_2O$ 中的钡含量。

在 Ba^{2+} 形成的一系列微溶化合物（$BaCO_3$、BaC_2O_4、$BaCrO_4$、$BaHPO_4$、$BaSO_4$ 等）中，以 $BaSO_4$ 溶解度最小，100℃时溶解度为 0.4mg，25℃时溶解度为 0.25mg。过量沉淀剂存在时溶解度大为减小，可以忽略不计，因此选用稀硫酸作为沉淀剂。为了使 $BaSO_4$ 沉淀完全，沉淀剂必须过量。过量的 H_2SO_4 在高温下可挥发除去，故沉淀带下的 H_2SO_4 不会引起误差，沉淀剂可过量 50%～100%。

为了防止产生 $BaCO_3$、$BaHPO_4$、$BaHAsO_4$ 沉淀以及防止生成 $Ba(OH)_2$ 共沉淀，并防止增加 $BaSO_4$ 在沉淀过程中的溶解度，硫酸钡重量法一般在 $0.05mol \cdot L^{-1}$ 左右盐酸介质中进行沉淀。Pb^{2+}、Sr^{2+} 对钡的测定有干扰。NO_3^-、ClO_3^-、Cl^- 等阴离子和 K^+、Na^+、Ca^{2+}、Fe^{3+} 等阳离子均可以引起共沉淀现象。在实验中应该严格控制沉淀条件，减少共沉淀现象，获得纯净的 $BaSO_4$ 晶形沉淀。

$$w(BaCl_2) = \frac{m(BaSO_4)M(BaCl_2)}{M(BaSO_4)m_s}$$

【仪器及试剂】

电子天平（万分之一），瓷坩埚（25mL），定量滤纸（慢速），玻璃漏斗，烧杯（100mL，250mL，400mL），量筒（5mL，100mL），漏斗架，表面皿，水浴锅，干燥器，坩埚钳，马弗炉。

H_2SO_4（1mol·L^{-1}），HCl（2mol·L^{-1}），$AgNO_3$（0.1mol·L^{-1}），$BaCl_2$·$2H_2O$（A.R.）。

【操作步骤】

1. 瓷坩埚的准备

在沉淀的干燥和灼烧前，必须预先准备好坩埚。先将瓷坩埚洗净烘干后编号，然后在与灼烧沉淀相同的温度下加热灼烧瓷坩埚。本实验在800℃±20℃下第一次灼烧40min（新坩埚需灼烧1h）。从马弗炉中取出坩埚，放置约0.5min后，将坩埚移入干燥器中，不能马上盖严，要暂留一个小缝隙（约为3mm），过1min后盖严。将干燥器和坩埚一起在实验室冷却20min后，移至天平室冷却20min，冷却至室温（各次灼烧后的冷却时间一定要保持一致）后方可取出称量。要快速称量以免受潮。第二次灼烧20min，取出后和上次条件相同冷却后称量。如果前后两次称量结果之差不大于0.3mg，即可认为坩埚恒重成功，否则还需再灼烧20min，直到坩埚恒重。

2. 称样及沉淀的制备

分别准确称取$BaCl_2$·$2H_2O$试样两份0.4~0.6g于250mL烧杯中，加入约70mL水、2mL 2mol·L^{-1}HCl溶液，搅拌溶解，盖上表面皿，在电炉上加热至80℃以上。

另取4mL 1mol·$L^{-1}$$H_2SO_4$两份于两个100mL烧杯中，加水50mL，在电炉上加热至近沸，分别用小滴管趁热将两份H_2SO_4溶液全部逐滴地加入到两份热的钡盐溶液中，并用玻璃棒不断搅拌。沉淀剂加完后，待$BaSO_4$沉淀下沉，加入1~2滴0.1mol·$L^{-1}$$H_2SO_4$溶液至上层清液中，仔细观察沉淀是否完全（沉淀完全的标准是什么？若没有沉淀完全，怎么办？）。待沉淀完全后，盖上表面皿（切勿将玻璃棒拿出杯外），将沉淀放在98℃的水浴上，陈化1h，期间搅动几次。陈化后取出自然冷却。

3. 沉淀形的获得（沉淀的过滤和洗涤）

用慢速定量滤纸采用倾泻法过滤。待沉淀冷却至室温后，用稀H_2SO_4（取1mL 1mol·$L^{-1}$$H_2SO_4$加100mL水配成）洗涤沉淀3次，每次约15mL。第4次加入约15mL洗涤剂后将沉淀搅匀形成悬浊液，然后将沉淀定量转移到滤纸上（如果有剩余的沉淀怎么办？），用保存备用的滤纸角擦"活"，并将此小片滤纸放于漏斗中，再用洗涤剂洗涤4~6次，直至洗涤干净（洗涤液中不含Cl^-，检查方法：用表面皿接几滴滤液，加1滴$AgNO_3$）。

4. 沉淀的灼烧和恒重

将用滤纸包好的沉淀置于已恒重的瓷坩埚中，经烘干、炭化、灰化后，在已升温至800℃±20℃的马弗炉中灼烧至恒重（第一次1h，第二次30min），灼烧及冷

却条件与瓷坩埚的准备中一致。计算 $BaCl_2 \cdot 2H_2O$ 中 $BaCl_2$ 的含量。

【思考题】

1. 简述瓷坩埚的准备过程。

2. 为什么要在热溶液中完成 $BaSO_4$ 沉淀的生成，而要在冷却后过滤？晶形沉淀陈化的目的有哪些？

3. 本实验洗涤沉淀时，选用什么溶液作为洗涤液？为什么？

4. 滤纸灰化时如果出现黑色说明存在什么问题？怎样处理？

5. 灼烧沉淀时，温度过高会对实验结果产生什么影响？沉淀恒重的标准是什么？

【实验记录】

项 目	坩埚编号	
	1	2
m_s/g		
灼烧后空坩埚第一次质量/g		
第二次质量/g		
第三次质量/g		
坩埚质量平均值/g		
灼烧后沉淀＋坩埚第一次质量/g		
第二次质量/g		
第三次质量/g		
灼烧后沉淀＋坩埚质量平均值/g		
$m(BaSO_4)/g$		
$w(BaCl_2)$		
$\overline{w}(BaCl_2)$		
相对极差		

【实验总结】

实验 15　AgNO₃ 和 NH₄SCN 溶液的配制及标定

【实验目的】

1. 学习 AgNO₃ 标准溶液的配制方法。

2. 掌握 NH₄SCN 标准溶液的配制和标定。

3. 练习以铁铵矾作指示剂时滴定终点的判断。

【实验原理】

在沉淀滴定法中，AgNO₃ 和 NH₄SCN 溶液是两种非常重要的标准溶液。莫尔法和佛尔哈德法都要用到 AgNO₃ 溶液。佛尔哈德法需要以 NH₄SCN 溶液作为标准溶液。由于 AgNO₃ 性质稳定，可以直接配制成标准溶液，而 NH₄SCN 固体易吸湿，不能作为基准物质，应先配制成近似浓度，然后用佛尔哈德法标定，得出其准确浓度。

佛尔哈德法是以铁铵矾为指示剂，以 NH₄SCN 标准溶液滴定含有 Ag^+ 的酸性溶液的滴定分析方法。用佛尔哈德法还可以测定 Cl^-、Br^-、I^- 和 SCN^-。向含有待测阴离子的溶液中加入过量的 AgNO₃ 标准溶液，将阴离子全部沉淀为难溶银盐后，再用 NH₄SCN 标准溶液返滴定剩余的 Ag^+，到达反应计量点时，再滴入稍过量的 SCN^-，SCN^- 即与 Fe^{3+} 作用，生成红色的配离子，指示终点到达，通过计算得出阴离子的含量。

本实验以直接配制法配制 AgNO₃ 标准溶液，以佛尔哈德法标定 NH₄SCN 溶液。

【仪器及试剂】

酸式滴定管（50mL），移液管（25mL），锥形瓶（250mL），容量瓶（250mL），量筒，洗耳球，烧杯。

AgNO₃，NH₄SCN，铁铵矾指示剂 [称取 $FeNH_4(SO_4)_2 \cdot 12H_2O$ 50g 于研钵中研细，倒入含有 100mL 蒸馏水的烧杯中，搅拌溶解。滴加浓硝酸至溶液的褐色消失，溶液澄清。转移至棕色瓶中，密闭保存于阴暗处备用]，浓硝酸。

【操作步骤】

1. $0.1mol \cdot L^{-1}$ AgNO₃ 标准溶液的配制

准确称取（按计算量）AgNO₃ 于 100mL 烧杯中，搅拌溶解，定量转移至 250mL 容量瓶中，定容。

2. $0.1mol \cdot L^{-1}$ NH₄SCN 标准溶液的配制和标定

称取（按计算量）固体 NH₄SCN 于烧杯中，加入少量蒸馏水溶解，再稀释至

250mL，保存于洁净的试剂瓶中，摇匀。

3. 用移液管准确移取 25.00mL AgNO₃ 标准溶液于 250mL 锥形瓶中，加入新煮沸并冷却的 6mol·L⁻¹ HNO₃ 3mL 和铁铵矾指示剂 1mL。以配好的 NH₄SCN 溶液滴定，滴定过程中，要剧烈摇动。滴定至溶液显红色，剧烈摇动仍不消失即为终点。平行测定三份，相对极差不大于 0.3%。

【思考题】

1. 本实验为什么用 HNO₃ 酸化？可以用 HCl 或 H₂SO₄ 酸化吗？为什么？

2. 指示剂用量对滴定有没有影响？

实验 16　可溶性氯化物中氯含量的测定

【实验目的】

1. 学习利用沉淀滴定法测定可溶性氯化物中氯的含量。
2. 掌握沉淀滴定的操作。

【实验原理】

沉淀滴定法以银量法为主，其中包括莫尔法、佛尔哈德法和法扬司法。

莫尔法是在中性或弱碱性溶液中，以 K_2CrO_4 为指示剂，用 $AgNO_3$ 标准溶液进行滴定。根据分步沉淀原理，当 Cl^- 被定量沉淀后，过量的 $AgNO_3$ 与 K_2CrO_4 反应生成砖红色 Ag_2CrO_4 沉淀，从而指示滴定终点。

$$Ag^+ + Cl^- \Longrightarrow AgCl\downarrow（白色）$$
$$2Ag^+ + CrO_4^{2-} \Longrightarrow Ag_2CrO_4\downarrow（砖红色）$$

溶液的 pH 控制在 $6.5\sim10.5$；当试液中存在铵盐时，则 pH 控制在 $6.5\sim7.2$。凡是能与 Ag^+ 或 CrO_4^{2-} 发生反应的阴阳离子均干扰测定，即选择性较差。对于含氯量较低、干扰较少的试样，莫尔法可以得到较准确的结果，因此，常用于饮用水、工业用水、水质监测、药品、食品中氯的测定。

【仪器及试剂】

电子天平（万分之一），酸式滴定管（50mL），棕色容量瓶（500mL），容量瓶（50mL），锥形瓶，移液管（25mL），烧杯，玻璃棒，洗瓶。

$AgNO_3$，K_2CrO_4（5%），NaCl 试样。

【操作步骤】

① $AgNO_3$ 标准溶液（$0.1mol\cdot L^{-1}$）的配制：准确称取已干燥的分析纯 $AgNO_3$ 约 8.5g（准确称量至 0.0001g），置于烧杯中，用少量的蒸馏水将其溶解，最后定量转移至 500mL 棕色容量瓶中，定容，摇匀。计算 $AgNO_3$ 标准溶液的准确浓度。

② 氯试液的准备：准确称取 $1.9\sim2.0g$（准确到 0.0001g）NaCl 试样，于烧杯中溶解，定量转移至 250mL 容量瓶中，定容，摇匀。

③ 氯化物中氯的测定：用 25mL 移液管分别移取氯试样于锥形瓶中，加入 5% K_2CrO_4 溶液 1mL，然后在剧烈的摇动下用 $AgNO_3$ 标准溶液滴定。当接近终点时，溶液呈浅砖红色，虽经剧烈摇动仍不消失即为终点。计算试样中氯的质量分数。平行测定两次，相对极差不得大于 0.3%。

【思考题】

1. 用莫尔法测定 Cl^- 时，溶液 pH 过高和过低会有什么影响？
2. 加入指示剂 K_2CrO_4 的量过多或过少对测定结果有何影响？

实验 17 $KMnO_4$ 标准溶液的配制与标定

【实验目的】

1. 掌握 $KMnO_4$ 标准溶液的配制方法和保存方法。
2. 掌握用 $Na_2C_2O_4$ 作基准物质，标定 $KMnO_4$ 标准溶液的原理和方法。

【实验原理】

市售的 $KMnO_4$ 中常含有少量的 MnO_2 和其他杂质（如硫酸盐、氯化物及硝酸盐等），而且 $KMnO_4$ 的氧化性很强、稳定性不高，在生产、储存及配制成溶液的过程中易与其他还原性物质作用（例如配制时与水中的还原性杂质作用），因此 $KMnO_4$ 不能直接配制成标准溶液，必须进行标定。

称取 $KMnO_4$ 溶于一定体积的水中，加热煮沸，冷却后储存于棕色瓶中，在暗处放置 $7\sim10$ 天，使水中的还原性杂质与 $KMnO_4$ 充分作用，然后将还原产物 MnO_2 过滤除去，再标定和使用。已标定过的 $KMnO_4$ 溶液在使用一段时间后必须重新标定。

标定 $KMnO_4$ 溶液常用的基准物质有 $H_2C_2O_4 \cdot 2H_2O$ 和 $Na_2C_2O_4$。$Na_2C_2O_4$ 不含结晶水，容易提纯，较为常用。

在热的酸性溶液中，$KMnO_4$ 和 $C_2O_4^{2-}$ 的反应如下：

$$2MnO_4^- + 5C_2O_4^{2-} + 16H^+ = 2Mn^{2+} + 10CO_2\uparrow + 8H_2O$$

$$c(KMnO_4) = \frac{2m(Na_2C_2O_4)}{5M(Na_2C_2O_4)V(KMnO_4)}$$

【仪器及试剂】

电子天平（万分之一，百分之一），酸式滴定管（50mL），细口试剂瓶（1L），锥形瓶（250mL），烧杯（500mL），量筒（10mL），表面皿。

$KMnO_4$（A.R.），$Na_2C_2O_4$ 基准物（A.R.，于 $105℃$ 干燥 2h），H_2SO_4（3mol·L^{-1}）。

【操作步骤】

1. 0.02mol·L^{-1} 高锰酸钾溶液的配制

用电子天平（百分之一）称取适量（自行计算）$KMnO_4$ 固体于 500mL 烧杯中，加入 400mL 去离子水，盖上表面皿，在电炉上加热至微沸，保持 15min 左右，冷却后转入试剂瓶中，置于暗处。放置一周后，过滤备用。

2. 高锰酸钾溶液的标定

① 准确称取适量（自行计算）$Na_2C_2O_4$ 基准物质三份，分别放于已编号的锥形瓶中，加约 30mL 去离子水溶解。

② 加入 10mL 3mol·L^{-1} H$_2$SO$_4$，在电炉上加热到 75～85℃（瓶口开始冒气，手触瓶壁感觉烫手，但瓶颈可以用手握住）。

③ 趁热用 KMnO$_4$ 标准溶液滴定。滴入第一滴后，摇动，待褪色后再滴第二滴，逐渐加快，近终点时应逐滴或半滴加入，至溶液变为粉红色，且 30s 内不褪色即为终点，此时溶液温度应高于 60℃。

④ 记下此时 KMnO$_4$ 的体积。平行标定三次，计算 c(KMnO$_4$)。结果的相对极差不大于 0.3%。

【注意事项】

① 温度。75～85℃，滴定完毕后的温度不应低于 60℃，温度过低，则反应慢，KMnO$_4$ 颜色褪去不及时，影响终点判断；过高（>90℃），则部分 H$_2$C$_2$O$_4$ 分解：

$$H_2C_2O_4 \rightleftharpoons CO_2 \uparrow + CO \uparrow + H_2O$$

② 酸度。控制适宜的酸度条件。酸性条件下，KMnO$_4$ 的氧化能力较强。但酸度过高时 H$_2$C$_2$O$_4$ 会分解；酸度不够，易生成 MnO$_2$ 沉淀。

③ 滴定速度。开始滴定时不宜太快，否则 KMnO$_4$ 来不及与 C$_2$O$_4^{2-}$ 反应，在热的酸性溶液中分解：

$$4KMnO_4 + 2H_2SO_4 \rightleftharpoons 4MnO_2 + 2K_2SO_4 + 2H_2O + 3O_2 \uparrow$$

反应中生成的 Mn^{2+}，使反应速率逐渐加快，称为自催化作用。少量 MnO$_4^-$ 过量时，溶液由无色变为粉红色，即为终点，因此不必另加指示剂。但粉红色不能持久，空气中的还原性气体和灰尘都能与 MnO$_4^-$ 缓慢作用，故只要 0.5～1min 不褪色即可。

【思考题】

1. 配制 KMnO$_4$ 溶液时应注意些什么？

2. 用 Na$_2$C$_2$O$_4$ 标定 KMnO$_4$ 溶液时，为什么开始滴入的紫色消失缓慢，后来却消失得越来越快，直至滴定终点出现稳定的紫红色？

3. KMnO$_4$ 颜色很深，如何读取其体积数？

【实验记录】

项　　目	编　　号		
	1	2	3
m(Na$_2$C$_2$O$_4$)/g			
KMnO$_4$ 终读数			
KMnO$_4$ 初读数			
V(KMnO$_4$)/mL			
c(KMnO$_4$)/mol·L^{-1}			
$\bar{c}$(KMnO$_4$)/mol·L^{-1}			
相对极差			

【实验总结】

实验 18 双氧水中 H_2O_2 含量的测定（高锰酸钾法）

【实验目的】

掌握高锰酸钾法测定双氧水中 H_2O_2 含量的原理及方法。

【实验原理】

双氧水是医药卫生行业广泛使用的消毒剂，主要成分为 H_2O_2。H_2O_2 在酸性溶液中是较强的氧化剂，但遇 $KMnO_4$ 时表现为还原性，很容易被 $KMnO_4$ 氧化，反应式如下：

$$2MnO_4{}^- + 5H_2O_2 + 6H^+ == 2Mn^{2+} + 8H_2O + 5O_2\uparrow$$

（紫红）   （肉色）

开始时，反应很慢，待溶液中生成了 Mn^{2+}，反应速度加快（自催化反应），故能顺利地、定量地完成反应。滴定剂稍过量（$2\times10^{-6}\,mol\cdot L^{-1}$），即显示它本身颜色（自身指示剂），为滴定终点。

$$\rho(H_2O_2) = \frac{5c(KMnO_4)V(KMnO_4)M(H_2O_2)}{2V(H_2O_2)}$$

【仪器及试剂】

酸式滴定管（50mL），锥形瓶（250mL），移液管（25mL），量筒（10mL）。
$H_2SO_4(3\,mol\cdot L^{-1})$，$KMnO_4$ 标准溶液，H_2O_2 样品。

【操作步骤】

① 用移液管移取待测溶液 25.00mL 于 250mL 锥形瓶中，加 10mL 3mol·L^{-1} H_2SO_4，用 $KMnO_4$ 标准溶液滴定至溶液显粉红色，30s 内不消褪，即达终点（注意开始时滴定速度要慢，待第一滴 $KMnO_4$ 完全褪色后，再滴第二滴，随着反应速率加快，可逐渐增加滴定速度）。

② 平行测定三次，相对极差不大于 0.3%，计算 H_2O_2 的质量浓度 $\rho(H_2O_2)$（g·L^{-1}）。

【思考题】

1. 用 $KMnO_4$ 法测定 H_2O_2 溶液时，能否用 HNO_3、HCl 和 HAc 控制酸度？为什么？

2. 测定 H_2O_2 能加热吗？为什么？

项目	编号		
	1	2	3
$c(KMnO_4)/mol \cdot L^{-1}$			
$V(H_2O_2)/mL$			
$KMnO_4$ 终读数			
$KMnO_4$ 初读数			
$V(KMnO_4)/mL$			
$\overline{V}(KMnO_4)/mL$			
$\rho(H_2O_2)/g \cdot L^{-1}$			

【实验总结】

实验 19　Na₂S₂O₃ 标准溶液的配制与标定

【实验目的】

1. 掌握间接法配制 $Na_2S_2O_3$ 标准溶液的步骤及其保存方法。
2. 掌握 $K_2Cr_2O_7$ 标准溶液的配制方法。
3. 掌握碘量瓶和淀粉指示剂的使用方法。

【实验原理】

硫代硫酸钠（$Na_2S_2O_3 \cdot 5H_2O$）含有少量杂质（如 S、Na_2SO_4、NaCl、Na_2CO_3 等）且容易风化，配制的溶液不稳定，因此需要先配制近似浓度的溶液后标定。配溶液所需要的水需煮沸，冷却后再加入 $Na_2S_2O_3 \cdot 5H_2O$。使用了较长一段时间的 $Na_2S_2O_3$ 溶液，应加入约 $0.2g \cdot L^{-1}$ 的 Na_2CO_3，放置一定时间，待溶液稳定后再次标定。标定 $Na_2S_2O_3$ 溶液一般采用 $K_2Cr_2O_7$ 作为基准物质。在强酸性介质中，$K_2Cr_2O_7$ 能将 I^- 定量氧化为 I_2，而 $S_2O_3^{2-}$ 则能与单质碘发生定量反应而被氧化为 $S_4O_6^{2-}$。根据上述原理，可以采用 $K_2Cr_2O_7$ 作为基准物质，通过间接法配制硫代硫酸钠标准溶液。

$$Cr_2O_7^{2-} + 9I^- + 14H^+ \Longrightarrow 3I_3^- + 2Cr^{3+} + 7H_2O$$

用 $Na_2S_2O_3$ 溶液滴定析出的 I_2。

$$I_3^- + 2S_2O_3^{2-} \Longrightarrow 3I^- + S_4O_6^{2-}$$

通常在 $0.5 \sim 1.0mol \cdot L^{-1}$ 的酸度下放置 5min，使反应完成。使用淀粉作为指示剂，滴定时要适当降低酸度，抑制淀粉的水解。指示剂在滴定至近终点时加入，溶液呈亮绿色为终点。

$$c(Na_2S_2O_3) = \frac{6m(K_2Cr_2O_7)}{M(K_2Cr_2O_7)V(Na_2S_2O_3)}$$

【仪器及试剂】

电子天平（万分之一，百分之一），碘量瓶（250mL），烧杯（100mL，500mL），移液管（25mL），量筒（5mL，10mL，50mL），容量瓶（250mL），碱式滴定管（50mL）。

Na_2CO_3（A. R.），$Na_2S_2O_3 \cdot 5H_2O$（A. R.），$K_2Cr_2O_7$（基准物质），H_2SO_4（$3mol \cdot L^{-1}$），KI 溶液（10%），淀粉指示剂（0.5%）。

【操作步骤】

1. $0.02mol \cdot L^{-1}$ 标准 $K_2Cr_2O_7$ 溶液的配制

准确称取适量（自行计算）$K_2Cr_2O_7$ 于 100mL 烧杯中，加水溶解，定量转移至 250mL 的容量瓶中定容，计算 $c(K_2Cr_2O_7)$。

2. 0.1mol·L^{-1} Na$_2$S$_2$O$_3$ 标准溶液的配制

称取适量（自行计算）Na$_2$S$_2$O$_3$·5H$_2$O 溶于 500mL 水（新鲜煮沸并冷却至室温的去离子水）中，加入一定量固体 Na$_2$CO$_3$，在实验柜中放置一周后，标定。

3. Na$_2$S$_2$O$_3$ 标准滴定溶液的标定

① 用移液管移取 25.00mL 的 K$_2$Cr$_2$O$_7$ 标准溶液于碘量瓶中，加入 10mL H$_2$SO$_4$ 溶液（3mol·L^{-1}），20mL KI 溶液，加盖摇匀，水封。放置在暗处 5min（计时）。

② 加水稀释至 100mL，立即用 Na$_2$S$_2$O$_3$ 标准溶液滴定红棕色溶液至浅黄绿色，加入淀粉指示剂 2mL，继续滴定至蓝色刚好消失，溶液呈透明绿色为终点。

③ 平行滴定三份，所耗 Na$_2$S$_2$O$_3$ 溶液体积极差应不大于 0.03mL。计算 Na$_2$S$_2$O$_3$ 标准溶液的准确浓度。

【思考题】

1. 为何配制硫代硫酸钠溶液必须用经煮沸过的去离子水？如何保存 Na$_2$S$_2$O$_3$ 标准溶液？加入一定量固体 Na$_2$CO$_3$ 的作用是什么？

2. 标定 Na$_2$S$_2$O$_3$ 标准溶液时，加入 KI 后为何要在暗处放置 5min？

3. 标定 Na$_2$S$_2$O$_3$ 标准溶液时，什么时候加入淀粉指示剂？黄绿色是什么物质的颜色？

4. 为何用 Na$_2$S$_2$O$_3$ 滴定生成的碘时要加水稀释？

5. 为何用碘滴定 Na$_2$S$_2$O$_3$ 时要先加淀粉指示剂，而 Na$_2$S$_2$O$_3$ 滴定碘时后加指示剂？

【实验记录】

项　目	编　号		
	1	2	3
$c(K_2Cr_2O_7)$/mol·L^{-1}			
K$_2$Cr$_2$O$_7$ 终读数			
K$_2$Cr$_2$O$_7$ 初读数			
$V(K_2Cr_2O_7)$/mL			
Na$_2$S$_2$O$_3$ 终读数			
Na$_2$S$_2$O$_3$ 初读数			
$V(Na_2S_2O_3)$/mL			
$c(Na_2S_2O_3)$/mol·L^{-1}			
$\bar{c}(Na_2S_2O_3)$/mol·L^{-1}			
相对极差			

【实验总结】

96

实验 20　碘量法测定铜

【实验目的】

1. 熟悉铜合金样品的分解。
2. 掌握间接碘量法测定 Cu 的基本原理和方法。

【实验原理】

碘量法是一种应用广泛的氧化还原滴定法，分为直接碘量法和间接碘量法。在很多含铜物质（如铜合金、铜矿、铜盐、含铜农药等）的铜含量测定中，通常采用间接碘量法。

一定量处理过的含铜试样，加入过量的 KI，Cu^{2+} 会与 I^- 作用生成难溶的 CuI 沉淀，同时析出 I_2。用 $Na_2S_2O_3$ 标准溶液滴定析出的 I_2，发生如下反应：

$$4I^- + 2Cu^{2+} = 2CuI\downarrow + I_2$$

$$I_2 + 2S_2O_3^{2-} = 2I^- + S_4O_6^{2-}$$

根据吸附原理，CuI 沉淀表面吸附 I_2，会使测定结果偏低，因此在滴定接近终点时加入 KSCN，CuI 沉淀（$K_{sp}^{\ominus}=1.1\times10^{-12}$）将会转化为溶解度更小的 CuSCN 沉淀（$K_{sp}^{\ominus}=4.8\times10^{-15}$），CuSCN 沉淀吸附 I_2 的倾向较小，反应终点更加明显，可以提高分析结果的准确度。

$$CuI + SCN^- = CuSCN + I^-$$

反应在 pH＝3～4 的弱酸性溶液中进行，以避免 Cu^{2+} 的水解及 I_2 的歧化。反应酸度过低，会减慢反应速度，拖长滴定终点，产生误差；酸度过高，Cu^{2+} 会催化 I^- 被空气氧化为 I_2，使测定结果偏高。通常用 NH_4HF_2 控制溶液的酸度，F^- 可以掩蔽少量 Fe^{3+}。

$$c(Cu) = \frac{V(Na_2S_2O_3)c(Na_2S_2O_3)}{V_s}$$

$$w(Cu) = \frac{V(Na_2S_2O_3)c(Na_2S_2O_3)M(Cu)}{m_s}$$

【仪器及试剂】

电子天平（万分之一），酸式滴定管（50mL），移液管（25mL），量筒（5mL，10mL，20mL），碘量瓶（250mL）。

$Na_2S_2O_3$ 标准溶液，$K_2Cr_2O_7$ 标准溶液（0.02mol·L^{-1}），KI 溶液（10%），H_2SO_4 溶液（3mol·L^{-1}），淀粉溶液（0.5%），KSCN 溶液（20%），氨水（1:1），

97

NH_4HF_2（20％），HCl 溶液（1∶1），H_2O_2 溶液（30％），乙酸溶液（2mol・L^{-1}）。

【操作步骤】

1. 试液（含 Cu^{2+} 和 Fe^{3+}）中铜含量的测定

① 移取 25.00mL 的待测试液于锥形瓶中，在摇动下滴加氨水至溶液刚刚出现浑浊（为什么?）。加入 3mL NH_4HF_2 溶液（此时有什么现象?），摇匀，再加入 10mL KI 溶液。

② 立即用 $Na_2S_2O_3$ 标准溶液（用之前要摇匀）滴定溶液由黄褐色溶液变为浅黄色（略显粉红色），加入 2mL 淀粉指示剂后，继续滴定至溶液呈现浅蓝色，再加入 3mL KSCN 溶液，摇动几次后（此时蓝色变深）继续滴定，直至蓝色消失（此时为白色或略带浅粉色悬浊液）到达终点。

③ 平行测定三份，所耗 $Na_2S_2O_3$ 标准溶液体积极差不大于 0.04mL，计算试液中铜的含量（滴定完毕即倒掉废液，否则废液会腐蚀锥形瓶）。

2. 铜合金中铜含量的测定

① 准确称取铜合金试样 0.15g，放入锥形瓶中，加表面皿，加入 10mL HCl 溶液，加热溶液至接近沸腾，在加热下用滴管分几次加入总量约 2mL 的 H_2O_2 溶液。待样品完全溶解后，继续煮沸 2min，将多余的 H_2O_2 赶尽。

② 将 20mL 水加入到冷却后的溶液中，边摇动边滴加氨水直至溶液刚出现沉淀。按顺序先后加 10mL 乙酸溶液、5mL NH_4HF_2 溶液，摇匀后再加 15mL KI 溶液。

③ 立即用 $Na_2S_2O_3$ 标准溶液滴定溶液变为浅黄色（略显粉红色），加入 2mL 淀粉指示剂后，继续滴定至溶液呈现浅蓝色，再加入 5mL KSCN 溶液，摇动几次后（此时蓝色变深）继续滴定，直至蓝色消失到达终点。

④ 平行测定三份，计算合金中铜的含量。两次测定结果的相对极差不能超过 0.3％。

【思考题】

1. 碘量法滴定到终点后溶液很快变蓝说明什么问题？如果放置一些时间后变蓝又说明什么问题？

2. 测定铜含量时为什么要加入过量的 KI 溶液？为什么要加入 KSCN 溶液？应该在什么时候加入 KSCN 溶液？

3. 测定铜含量时为什么要用 NH_4HF_2 溶液来调节溶液的酸度？此时溶液酸度是多少？

【实验记录】

（1）铜铁试液中铜的测定

项 目	编 号		
	1	2	3
$c(Na_2S_2O_3)/mol \cdot L^{-1}$			
V_s/mL			
$Na_2S_2O_3$终读数			
$Na_2S_2O_3$初读数			
$V(Na_2S_2O_3)/mL$			
$\overline{V}(Na_2S_2O_3)/mL$			
$c(Cu^{2+})/mol \cdot L^{-1}$			

（2）铜合金中铜的测定

项 目	编 号		
	1	2	3
$c(Na_2S_2O_3)/mol \cdot L^{-1}$			
m_s/g			
$Na_2S_2O_3$终读数			
$Na_2S_2O_3$初读数			
$V(Na_2S_2O_3)/mL$			
$w(Cu)$			
$\overline{w}(Cu)$			
相对极差			

【实验总结】

实验 21　分光光度法测试样中铁含量

【实验目的】

1. 掌握邻二氮菲和磺基水杨酸分光光度法测铁的原理及方法。
2. 学习吸收曲线的绘制方法，正确选择测定波长。
3. 学会标准曲线的绘制方法，计算分析结果。
4. 掌握 722 型分光光度计的使用方法。

分光光度法测量微量物质的理论基础是朗伯-比耳定律，即 $A=\varepsilon bc$，一般在吸光度测量之前需进行显色反应。测定微量铁的显色剂有：邻二氮菲、磺基水杨酸、硫氰酸盐等，其中邻二氮菲更常用。

方法一：邻二氮菲法

【实验原理】

在 pH=2～9 的溶液中，邻二氮菲与 Fe^{2+} 生成稳定的红色配合物，其 $\lg K_{f}^{\ominus}=21.3$，反应式如下：

红色配合物的最大吸收峰在 510nm 处，摩尔吸光系数 $\varepsilon=1.1\times10^{4}$，$L\cdot mol^{-1}\cdot cm^{-1}$。

本方法的选择性很强，相当于含铁量 40 倍的 Sn^{2+}、Al^{3+}、Ca^{2+}、Mg^{2+}、Zn^{2+}、SiO_3^{2-}，20 倍的 Cr^{3+}、Mn^{2+}、$V(V)$、PO_4^{3-}，5 倍的 Co^{2+}、Cu^{2+} 等均不干扰测定。

通过邻二氮菲分光光度法测定铁的基本条件实验，可以更好地掌握某些比色条件的选择和实验方法。

【仪器及试剂】

722 型分光光度计，吸量管（10mL，5mL，2mL），容量瓶（50mL，100mL），比色皿（1cm），擦镜纸。

HCl 溶液（6mol·L^{-1}），邻二氮菲（1.5g·L^{-1}，10^{-3} mol·L^{-1}，新配制的水溶液），盐酸羟胺水溶液（100g·L^{-1}，临用时配制），NaAc 溶液（1mol·L^{-1}）。

铁标准溶液（含铁 0.1mg·mL^{-1}）：准确称取 0.8634g 的 NH$_4$Fe(SO$_4$)$_2$·

$12H_2O$，置于烧杯中，加入 40mL HCl（6mol·L^{-1}）和少量去离子水，溶解后，定量转移至 1000mL 容量瓶中，以水稀释至刻度，摇匀。

【操作步骤】

1. 邻二氮菲-Fe^{2+} 的吸收曲线的绘制

取 0.1mL 铁标准溶液（0.1mg·mL^{-1}）注入，50mL 容量瓶中，加入 1mL 盐酸羟胺，摇匀，再加 2mL 邻二氮菲、5mL NaAc，用水稀释至刻度，以试剂空白溶液作参比，在 440～560nm 之间每 10nm 测定一次吸光度（其中在 500～530nm 范围内，每间隔 5nm 测量一次。每调一次波长，都要重新调节分光光度计的 $T=0$ 和 $T=100\%$），以波长为横坐标，以吸光度为纵坐标，绘制吸收曲线，确定最大吸收波长。

2. 标准曲线的绘制

移取 10mL 铁标准溶液（0.1mg·mL^{-1}），加入 2mL 6mol·L^{-1} HCl 溶液，定容于 100mL 容量瓶中作待测液。在 6 个 50mL 容量瓶中分别加入 0mL、2mL、4mL、6mL、8mL、10mL 稀释的铁标准溶液，加入 1mL 盐酸羟胺，摇匀，再加 2mL 邻二氮菲、5mL NaAc，用水稀释至刻度，定容后放置 10min，在最大吸收波长处分别测定吸光度。以浓度为横坐标，以吸光度为纵坐标，绘制标准曲线。

3. 未知液中 Fe^{2+} 含量的测定

分别移取 1mL 铁未知液于两个 50mL 容量瓶中，加入 1mL 盐酸羟胺，摇匀，再加 2mL 邻二氮菲，5mL NaAc，用水稀释至刻度，定容后放置 10min，在最大吸收波长处测定吸光度，从标准曲线上查找 Fe^{2+} 含量。

【思考题】

1. 怎样用分光光度法测定水样中的全铁和亚铁的含量？
2. 在实验时，加入试剂的顺序能否任意改变？为什么？

方法二：磺基水杨酸法

【实验原理】

磺基水杨酸是分光光度法测定铁的有机显色剂之一。磺基水杨酸（简式为 H_3R）与 Fe^{3+} 可以形成稳定的配合物。因溶液 pH 的不同，形成配合物的组成也不同。在 pH=9～11.5 的 $NH_3·H_2O$-NH_4Cl 溶液中，Fe^{3+} 与磺基水杨酸反应生成三磺基水杨酸铁黄色配合物。

该配合物很稳定，试剂用量及溶液酸度略有改变都无影响。Ca^{2+}、Mg^{2+}、Al^{3+} 等与磺基水杨酸能生成无色配合物，在显色剂过量时，不干扰测定。F^-、NO_3^-、PO_4^{3-} 等离子对测定无影响。Cu^{2+}、Co^{2+}、Ni^{2+}、Cr^{3+} 等离子大量存在时干扰测定。由于 Fe^{2+} 在碱性溶液中易被氧化，所以本法所测定的铁实际上是溶液中铁的总含量。磺基水杨酸铁配合物在碱性溶液中的最大吸收波长为 420nm，故在此波长下测量吸光度。

$$Fe^{3+} + 3SSal^{2-} \longrightarrow [Fe(SSal)_3]^{3-}$$

式中，$SSal^{2-}$ 为磺基水杨酸根离子。

【仪器及试剂】

722 型分光光度计，吸量管（2mL，5mL），容量瓶（50mL），量筒（5mL），比色皿（1cm），擦镜纸。

磺基水杨酸溶液（10%，储于棕色瓶中），氨水（1：10），铁标准溶液 $[0.0500mg \cdot mL^{-1}$，准确称取 0.1080g 的 $NH_4Fe(SO_4)_2 \cdot 12H_2O$，溶于水中，加 8mL $3mol \cdot L^{-1}$ 硫酸，转移至 250mL 容量瓶中，以水稀释至刻度，摇匀]，NH_4Cl 溶液（10%）。

【操作步骤】

1. 磺基水杨酸-Fe^{3+} 吸收曲线的绘制

选用下一步操作中编号 4 的溶液，以试剂空白作参比溶液，在 400～500nm 之间每 10nm（其中在 400～450nm 范围内，每间隔 5nm 测量一次吸光度）测量一次吸光度（每调一次波长，都要重新调节分光光度计的 $T=0$ 和 $T=100\%$），以波长为横坐标，以吸光度为纵坐标，绘制吸收曲线，确定最大吸收波长。

2. 标准曲线的绘制

将 6 只 50mL 容量瓶编为 1～6 号，用吸量管依次分别加入 0.00mL、1.00mL、2.00mL、3.00mL、4.00mL、5.00mL 已知浓度为 $0.05mg \cdot mL^{-1}$ 的铁标准溶液，各加 4mL 10% NH_4Cl 溶液和 2mL 10%磺基水杨酸溶液，滴加氨水（1：10）直到溶液变黄色，再多加 4mL，加水稀释至刻度，摇匀。用分光光度计于选定的波长下，以试剂空白作参比溶液，调节透光度为 100%，测出各标准溶液的吸光度。以吸光度为纵坐标，铁含量为横坐标，绘制工作曲线。

3. 试液中铁含量的测定

分别用吸量管加待测试液 3.00mL 于两个 50mL 容量瓶中（编号 7、8），在与标准溶液相同条件下，按上述方法显色，测量其吸光度。从工作曲线中查得相应的铁含量，计算原试液中铁的含量。

【思考题】

1. 加 NH_4Cl 的作用是什么？

2. 为什么要用氨水滴至溶液呈黄色？

3. 多加 4mL 氨水的作用是什么？

【实验记录】

1. 绘制吸收曲线，确定 λ_{max}。

（1）数据记录：

λ/nm									
A									

（2）绘制 A-λ 曲线。

（3）λ_{max} = _____

2. 绘制标准曲线与未知试样中铁含量的测定。

（1）数据记录：

编号	标 1	标 2	标 3	标 4	标 5	标 6	7（未知）	8（未知）
$\rho(Fe)/mg \cdot mL^{-1}$								
A								

（2）绘制 A-c 曲线（用坐标纸）

（3）由标准曲线查得未知试液浓度 ρ（Fe，未知）/mg·mL^{-1} _____。

（4）试液中铁含量计算：

$$\rho(Fe，试样) = \rho(Fe，未知) \times 稀释倍数$$

【实验总结】

实验 22　电位滴定法测定醋酸含量及其解离常数

【实验目的】

1. 通过醋酸的电位滴定，掌握电位滴定的基本操作和滴定终点的计算方法。
2. 学习测定弱酸解离常数的原理和方法，巩固弱酸离解平衡的基本概念。

【实验原理】

电位滴定法是在滴定过程中根据指示电极和参比电极的电位差或溶液的 pH 突跃来确定终点的一种方法。在酸碱电位滴定过程中，随着滴定剂的不断加入，被测物与滴定剂发生反应，溶液 pH 不断变化，在化学计量点附近发生 pH 突跃。因此，测量溶液 pH 的变化，就能确定滴定终点。滴定过程中，每加一次滴定剂，测一次 pH，在接近化学计量点时，每次滴定剂加入量要小到 0.10mL，滴定到超过化学计量点为止。这样就得到一系列滴定剂用量 V 和相应的 pH 数据。

① pH-V 曲线法：以滴定剂用量 V 为横坐标，以 pH 为纵坐标，绘制 pH-V 曲线。作两条与滴定曲线相切的直线，等分线与曲线的交点即为滴定终点，如图 4-1 (a) 所示。

② ΔpH/ΔV-V 曲线法：ΔpH/ΔV 代表 pH 变化值的一次微商与对应的加入滴定剂体积的增量（ΔV）的比。绘制 ΔpH/$\Delta V \sim V$ 曲线，曲线的最高点即为滴定终点，如图 4-1 (b) 所示。

③ 二级微商法：绘制（Δ^2pH/ΔV^2）-V 曲线，根据 ΔpH/ΔV-V 曲线的最高点正是 Δ^2pH/$\Delta V^2 = 0$ 来确定滴定终点，如图 4-1(c) 所示。该法也可不经绘图而直接由内插法确定滴定终点。

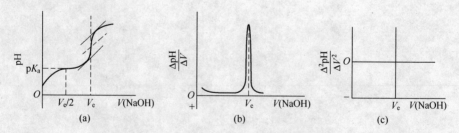

图 4-1　NaOH 滴定 HAc 的三种滴定曲线的示意图

醋酸在水溶液中解离如下：

$$HAc \rightleftharpoons H^+ + Ac^-$$

$$K_a^\ominus = \frac{\{c(H^+)/c^\ominus\}\{c(Ac^-)/c^\ominus\}}{c(HAc)/c^\ominus}$$

当醋酸被中和了一半时，溶液中：$c(Ac^-)=c(HAc)$，根据以上平衡式，此时 $K_a^\ominus=c(H^+)/c^\ominus$。

即 $pK_a^\ominus=pH$。因此，pH-V 图中 $V_e/2$ 处所对应的 pH 即为 $pK_a^\ominus$，从而可求出醋酸的酸常数 $K_a^\ominus$。

【仪器及试剂】

pHS-3C 型酸度计，小烧杯（100mL），复合玻璃电极，碱式滴定管（50mL），移液管（25mL）。

HAc（0.05mol·L^{-1}），NaOH 标准溶液（0.1mol·L^{-1}），pH=4.01、6.86 的标准缓冲溶液。

【操作步骤】

① 用 pH=4.01、pH=6.86 的标准缓冲溶液对 pHS-3C 型酸度计进行标定（方法参见第 3 章 3.1.2 和 3.1.3 内容）。

② 吸取 HAc 溶液 25mL 于小烧杯中，浸入复合电极。用 0.1mol·L^{-1} NaOH 标准溶液进行滴定。滴定开始每间隔 1.00mL 读数一次，待到化学计量点附近时，每间隔 0.10mL 读数一次。pH 突跃后，再恢复至每加 1.00mL NaOH 读数一次，并记录相应的 pH。

【实验记录】

用 $c(NaOH)=$ _____ mol·L^{-1}氢氧化钠标准溶液滴定一元弱酸测定数据

V(NaOH)	pH	ΔV	ΔpH	$\dfrac{\Delta pH}{\Delta V}$	$\dfrac{\Delta^2 pH}{\Delta V^2}$

① 绘制 pH-V 曲线。

② 用二阶导数法确定滴定终点。

③ 计算 $c(HA)$ /mol·L^{-1}。

④ 在曲线上确定中和 50％时，溶液的 pH，并依此计算该一元弱酸 $K_a^\ominus$。

【思考题】

1. 与指示剂法相比，用电位滴定法确定终点有何优缺点？

2. 当醋酸完全被氢氧化钠中和时，反应终点的 pH 是否等于 7？为什么？

【实验总结】

实验 23　氯电极测水中氯含量

【实验目的】

1. 了解氯离子选择性电极的基本性能。
2. 掌握氯离子选择性电极的使用方法。
3. 掌握氯离子选择性电极测定水中氯的方法。
4. 学会使用酸度计测量电动势。

【实验原理】

氯离子选择性电极的敏感膜由 AgCl 和 Ag$_2$S 的粉末混合压制而成。以氯离子选择性电极为指示电极，双盐桥饱和甘汞电极为参比电极，插入含 Cl$^-$ 的溶液中组成工作电池。当氯离子浓度在 $5 \times 10^{-2} \sim 5 \times 10^{-5}$ mol·L^{-1} 范围内，电池电动势与氯离子浓度（活度）的对数成线性关系。

$$\varepsilon = K - \frac{2.303RT}{nF} \lg \frac{c(\text{Cl}^-)}{c^\ominus}$$

式中，ε 为电池电动势；K 数值决定于温度、膜特性、参比溶液和参比电极等，在一定的实验条件下为定值；R 为气体常数，8.314J·mol^{-1}·K^{-1}；F 为法拉第常数，96486C·mol^{-1}；T 为热力学温度，K；n 为电池反应中转移的电子数；$c(\text{Cl}^-)$ 为氯离子的浓度，mol·L^{-1}。

就像用 pH 来表示 $-\lg \frac{c(\text{H}^+)}{c^\ominus}$ 一样，可以用 pCl 来表示 $-\lg \frac{c(\text{Cl}^-)}{c^\ominus}$。

测定时，通过加入总离子强度调节缓冲液（TISAB）来控制氯电极的最佳使用条件，适宜的 pH 范围为 2.0～12.0。干扰物质有 Br$^-$、I$^-$、S^{2-}、CN$^-$、NH$_3$ 等。

测定试样中氯含量的方法有标准曲线法和标准加入法。本实验采用标准曲线法测定水中的氯。

标准曲线法是将离子选择性电极与参比电极插入到一系列已知浓度（活度）的标准溶液中，测出相应的电动势 ε。以测得的电动势 ε 值对相应的 pCl 值绘制出标准曲线。在同样条件下测出试样溶液的 ε 值，再从标准曲线上查出与试样溶液 ε 值对应的试样溶液的浓度（活度）。

【仪器及试剂】

pHS-3C 型酸度计，氯离子选择电极，双盐桥饱和甘汞电极，烧杯（50mL，150mL），容量瓶（50mL），吸量管（1mL，5mL，10mL），移液管（25mL），电磁搅拌器，磁子。

0.0500mol·L⁻¹Cl⁻标准溶液配制：准确称取经 120℃烘干 2h 的分析纯 NaCl 2.922g 于 150mL 烧杯中，用蒸馏水溶解后，转移到 1L 容量瓶中定容。

TISAB 溶液配制：准确称取分析纯 NaNO₃ 84.99g 于 150mL 烧杯中，用蒸馏水溶解后，转移到 1L 容量瓶中定容，再转入塑料瓶中保存。

【操作步骤】

1. 调节酸度计

按 pHS-3C 型酸度计使用说明调好 mV 档，装上氯离子选择电极和双盐桥饱和甘汞电极。用蒸馏水将氯电极洗至空白值。

2. 绘制标准曲线

取 5 个 50mL 容量瓶，编号为 1~5 号。分别移取 0.0500mol·L⁻¹ Cl⁻标准溶液 0.50mL、1.00mL、2.50mL、5.00mL、10.00mL 到上述容量瓶中，再各加 1.00mL TISAB 溶液，用蒸馏水稀释至刻度，摇匀。

将上述溶液分别倒入 50mL 烧杯中，浸入氯离子选择电极和双盐桥饱和甘汞电极。用电磁搅拌器搅拌 2~3min 后，测定电势值（mV）。测定顺序依次由稀到浓，这样在测定下一个溶液时不必冲洗电极，只要用吸水纸吸去附着在电极上的溶液即可。

以测得的电势值（mV）为纵坐标，以 pCl 为横坐标，绘制标准曲线。

3. 水中氯含量的测定

取 2 个 50mL 容量瓶，编号为 6 号、7 号。移取 25.00mL 含氯水样，分别加到上述容量瓶中，再各加 1.00mL TISAB 溶液，用蒸馏水稀释至刻度，摇匀。

将测过标准溶液的氯电极用蒸馏水冲洗，冲洗到与起始空白值接近时，再测定含氯的水样。

把水样分别倒入 50mL 烧杯中，测其电动势值（mV）。根据测定水样的电动势值，从标准曲线上查出相对应水样的 $c(Cl^-)$，再换算成水样中的氯含量 $\rho(Cl^-)$（mg·L⁻¹）。

【思考题】

1. 加入 TISAB 溶液的目的是什么？

2. 测量时为何要选择使用双盐桥饱和甘汞电极作参比电极？

【实验记录】

1. 数据记录：

溶液编号	标 1	标 2	标 3	标 4	标 5	6（未知）	7（未知）
$c(Cl^-)$/mol·L⁻¹							
pCl							
ε/mV							

2. 绘制 ε-pCl 曲线（用坐标纸或用 Excel 等软件）。

3. 由标准曲线查得未知试液浓度 pCl＝_____。

4. 试液中氯含量的计算（用 pCl 表示）：

【实验总结】

实验 24　氟电极测水中氟含量

【实验目的】

1. 掌握氟离子选择电极测定水中 F⁻ 浓度的原理和方法。
2. 了解总离子强度调节缓冲溶液的意义和作用。
3. 熟悉用标准曲线法和标准加入法测定水中 F⁻ 的浓度。

【实验原理】

氟离子选择电极、饱和甘汞电极（SCE）和含氟离子的待测试液组成如下原电池：

$$(-)氟离子选择电极 | 试液 ‖ 饱和甘汞电极(+)$$

电池的电动势可用下式表示：

$$\varepsilon = \varphi(SCE) - \varphi(F^-)$$

当其他条件一定，298K 时，

$$\varepsilon = K + 0.059 \lg\{a(F^-)\}$$

上式表明，原电池电动势在一定条件下与 F⁻ 活度的负对数呈线性关系。

在实际工作中，需要知道的是氟离子的浓度，测定时加入适量惰性电解质作为总离子强度调节缓冲剂（TISAB），使离子强度保持一定，活度系数 γ 恒定，则有：

$$\varepsilon = K + 0.059 \lg[\gamma\{c(F^-)\}]$$
$$= K + 0.059 \lg\gamma + 0.059 \lg\{c(F^-)\}$$
$$= K' + 0.059 \lg\{c(F^-)\}$$

即离子强度不变时，电动势与溶液中氟离子浓度的对数呈线性关系，据此，可以用标准曲线法或标准加入法测定氟离子含量。

【仪器及试剂】

酸度计或离子活度计，氟离子选择电极，饱和甘汞电极，电磁搅拌器，吸量管（10mL，20mL），容量瓶（100mL，500mL），烧杯（200mL），聚乙烯瓶（500mL）。

氟标准储备溶液：将 NaF 在 110℃ 干燥 2h 并冷却。称上述干燥后的 NaF 0.1105g，用水溶解后转入 500mL 容量瓶中，稀释至刻度，摇匀。储于聚乙烯瓶中。

氟标准溶液：吸取 10.00mL 氟标准储备溶液于 100mL 容量瓶中，用水稀释至刻度，摇匀。

总离子强度调节缓冲溶液（TISAB）：加入 250mL 去离子水与 28mL 冰醋酸，

29g NaCl，6g 柠檬酸钠（$Na_3C_6H_5O_7 \cdot 2H_2O$），搅拌至溶解。将烧杯放冷后，缓慢加入 $6mol \cdot L^{-1}NaOH$ 溶液（约 125mL），直到 pH 在 5.0～5.5 之间，冷至室温，转入 500mL 容量瓶中，用蒸馏水稀释至刻度。

【操作步骤】

1. 氟电极的准备

电极在使用前应在 $10^{-3}mol \cdot L^{-1}$ NaF 溶液中浸泡 1～2h，进行活化，再用蒸馏水清洗电极到空白电位，即氟电极在蒸馏水中的电位约 -300mV（此值各支电极不一样）。

2. 标准曲线法

吸取 $10\mu g \cdot mL^{-1}$ 的氟标准溶液 0.00mL、0.50mL、1.00mL、3.00mL、5.00mL、8.00mL、10.00mL，分别放入 100mL 容量瓶中，各加入 20mL TISAB 溶液，用去离子水稀释至标线，摇匀。由低浓度到高浓度依次移入塑料烧杯中（空白溶液除外），插入氟电极和参比电极，放入一只磁力搅拌子，电磁搅拌 2min，静置 1min 后，读取平衡电动势（达到平衡所需时间与电极状况、溶液浓度和温度等有关，视实际情况掌握）。测定顺序由低浓度到高浓度，在测定下一个样品前不必清洗电极，仅用吸水纸吸干电极表面附着的溶液即可。以测得的电动势 ε(mV) 为纵坐标，以 pF 或 $lg\{c(F^-)\}$ 为横坐标，作标准曲线。

水样中 F^- 含量测定：吸取水样 25.00mL（或适量水样）于 100mL 容量瓶中，加入 20mLTISAB 溶液，用去离子水稀释至刻度，摇匀，插入氟电极和参比电极，测定水样电动势值。测量之前，要用去离子水将电极冲洗干净，并用吸水纸吸干。根据水样电动势值，在标准曲线上查出样品溶液的 pF 或 $lg\{c(F^-)\}$ 值，计算样品溶液的 $c(F^-)$，然后换算出水样中 F^- 含量 ρ(mg $\cdot L^{-1}$)。

3. 标准加入法

取 25.00mL 水样（或适量）于 100mL 容量瓶中，加入 20mL TISAB 溶液，用水稀释至刻度，摇匀后全部转入 200mL 的干燥烧杯中，测定电位值 ε_1。向被测溶液中加入 1.00mL 浓度为 $100\mu g \cdot mL^{-1}$ 的氟标准溶液，搅拌均匀，测定其电位值为 ε_2。

设被测溶液的体积为 V_x，在其中所加入的氟标准溶液浓度为 c_s、体积为 V_s。由于 $V_x \gg V_s$，可以认为加入标准溶液前后溶液体积及离子强度均不变，则被测溶液中 F^- 浓度（mg $\cdot L^{-1}$）为：

$$c(F^-) = \frac{c_s V_s}{V_x}\left(10^{\frac{|\varepsilon_2 - \varepsilon_1|}{S}} - 1\right)^{-1}$$

$$S = \frac{2.303RT}{nF}$$

式中，S 为电极响应斜率，理论值为 $2.303RT/nF$，与实际值有一定的差别，为避免引入误差，可由计算标准曲线的斜率求得，也可借稀释一倍的方法测得。

111

经过换算，水样中 F^- 含量为：

$$\rho(F^-) = \frac{c(F^-) \times 100.00}{20.00} \times \frac{1000}{1000}$$

【实验数据】

列表记录测得的 V 和 ε 数据，记录格式如下：

样品	1	2	3	4	5	6	7	8	水样1	水样2
$c(F^-)$标液/ $\mu g \cdot mL^{-1}$										
ε/mV										

【思考题】

1. 用氟电极测得的电动势是 F^- 的浓度还是活度的响应值？在什么条件下才能测 F^- 浓度？

2. 总离子强度调节缓冲溶液由哪些组分组成，各组分的作用是什么？

3. 标准曲线法测量电动势，为什么测定顺序要由稀到浓？

5 分析化学拓展实验

实验 25 酱油中氨基酸态氮含量的测定

【实验目的】

1. 学习及掌握电位滴定法测定氨基酸态氮的基本原理及操作要点。
2. 学会电位滴定法的基本操作技能。

【实验原理】

酱油中的氨基酸态氮指的是以氨基酸形式存在的氮元素，是氨基酸含量的特征指标，其含量越高，酱油的鲜味越强、质量越好。氨基酸态氮含量是区分酿造酱油与勾兑酱油、展示酱油质量的重要指标。国家标准 GB 18186—2000 规定，高盐稀态发酵酱油（含固稀发酵酱油）的氨基酸态氮（以氮计）每 100mL 酱油中的含量：特级、一级、二级和三级分别应大于等于 0.8g、0.7g、0.55g 和 0.4g；低盐固态发酵酱油每 100mL 中的含量：特级、一级和二级分别应≥0.8g、0.7g 和 0.6g。配制酱油（SB 10336—2000）每 100mL 中氨基酸态氮含量应≥0.4g。

电位滴定法测定氨基酸的原理是根据氨基酸的两性作用，加入甲醛以固定氨基的碱性，使羧基显示出酸性，再在酸度计指示下，用 NaOH 标准溶液滴定至终点。

【仪器及试剂】

pHS-3C 型酸度计，电磁搅拌器，烧杯（250mL），微量滴定管（10mL），吸量管（5mL），容量瓶（100mL），移液管（20mL）。

pH 标准缓冲溶液（pH=6.86 和 pH=4.00），中性甲醛溶液（20%），NaOH 标准溶液（0.05mol·L^{-1}）。

【操作步骤】

1. 样品处理

用 pH=6.86 和 pH=4.00 的标准缓冲液校正好酸度计，然后将电极清洗干净。准确吸取待测酱油 5.00mL 于 100mL 容量瓶中，加水定容。混匀后吸取定容液 20.00mL，置于 250mL 烧杯中，加水 60mL，放入磁力搅拌子，开动电磁搅拌器使转速适当。将清洗干净的电极插入到上述酱油液中，用 NaOH 标准溶液滴定至酸度计指示 pH8.2，记下消耗的 NaOH 溶液体积。

2. 氨基酸的滴定

在上述已滴定至 pH8.2 的溶液中，准确加入 10.00mL 的中性甲醛溶液，再用 0.05mol·L^{-1} NaOH 标准溶液滴定至 pH9.2，记下消耗的 NaOH 溶液体积，供计算氨基酸态氮含量用。

3. 试剂空白滴定

吸取 80mL 蒸馏水于 250mL 的烧杯中，用 NaOH 标准溶液滴定至 pH8.2，然后加入 10.00mL 中性甲醛溶液，再用 0.05mol·L^{-1} NaOH 标准溶液滴定至 pH9.2，记下加入甲醛后消耗的 NaOH 溶液体积。

4. 重复上述操作，平行测定三次。

5. 结果计算

$$x = \frac{(V_1 - V_2) \times c \times 0.014}{5 \times \frac{V_3}{100}} \times 100$$

式中，x 为样品中氨基酸态氮的含量，g·(100mL)$^{-1}$；V_1 为酱油稀释液加入甲醛后滴定至 pH9.2 所用 NaOH 标准溶液的体积，mL；V_2 为试剂空白滴定加入甲醛后滴定至 pH9.2 所用 NaOH 标准溶液的体积，mL；V_3 为样品稀释液取用量，mL；c 为 NaOH 标准溶液的浓度，mol·L^{-1}；0.014 为氮的毫摩尔质量，g·mmol^{-1}。

【注意事项】

1. 酱油中的铵盐影响氨基酸态氮的测定，可导致氨基酸态氮测定结果偏高。因此，要同时测定铵盐，将氨基酸态氮的结果减去铵盐的结果比较准确。

2. 本法准确快速，可用于各类样品游离氨基酸含量的测定。

【思考题】

1. 氨基酸态氮含量测定的基本原理是什么？测定氨基酸态氮有何实际意义？

2. 氨基酸态氮含量测定方法中为什么必须要做空白实验？如果不做，会造成测定结果偏大还是偏小，为什么？

【实验记录】

1. 称量记录

取原酱油的体积/mL：

定容后体积/mL：

2. 滴定数据记录

项　目	1	2	3	空白滴定
加甲醛前 NaOH 溶液读数				
加甲醛后 NaOH 溶液读数				

项 目	1	2	3	空白滴定
$V(NaOH)/mL$				
$c(NaOH)/mol \cdot L^{-1}$				
$\overline{V}(NaOH)/mL$				
$x/g \cdot (100mL)^{-1}$				

【实验总结】

实验 26　甲醛法测定硫酸铵中的氮含量

【实验目的】

1. 掌握甲醛法测定铵盐中氮含量的基本原理和方法。
2. 掌握实验中甲醛和铵盐的预处理方法。
3. 掌握置换滴定的基本操作。

【实验原理】

NH_4^+ 的酸性太弱（$K_a^\ominus = 5.6 \times 10^{-10}$），无法用 NaOH 标准溶液进行直接滴定。利用铵根离子与甲醛作用可以定量生成质子化的乌洛托品（六亚甲基四胺，$K_a^\ominus = 7.1 \times 10^{-6}$）和游离 H^+ 的反应，可将铵根离子结合的质子的酸性提高，使之能被氢氧化钠标准溶液直接滴定。该滴定反应的终点为弱碱性，因此可选用酚酞作为指示剂。

$$4NH_4^+ + 6HCHO \Longrightarrow (CH_2)_6N_4H^+ + 3H^+ + 6H_2O$$

由于甲醛中含有微量的酸，试样中也可能含有游离酸，故试样须进行预处理。NH_4^+ 与甲醛在室温下的作用较慢，故加入甲醛后，须静置数分钟，使反应完全。

【仪器及试剂】

电子天平（万分之一），烧杯（100mL，250mL），锥形瓶（250mL），量筒（50mL），容量瓶（250mL），移液管（25mL），碱式滴定管（50mL），玻璃棒。

甲醛溶液（35%），氢氧化钠标准溶液（0.15mol·L^{-1}），甲基红指示剂（0.2%），酚酞指示剂（0.2%）。

【操作步骤】

1. 甲醛的预处理

取甲醛上层清液 25mL 稀释至 50mL，加入 2 滴酚酞，用氢氧化钠标准溶液滴至浅粉色，备用。

2. $(NH_4)_2SO_4$ 中含氮量的测定

准确称取 1.8g 试样，加 30mL 蒸馏水溶解，定容至 250mL。移液管移取 25.00mL 试液于锥形瓶中，加 2 滴甲基红指示剂。若溶液呈黄色，表明试样中无游离酸；若试样颜色呈红色，表示有游离酸，须先以氢氧化钠标准溶液滴定至橙色，记录氢氧化钠用量 $V_{空白}$。另取 25.00mL 试液于锥形瓶中，加 2 滴酚酞指示剂，用氢氧化钠标准溶液滴定至终点（以粉红色 30s 不褪为准），记录氢氧化钠的用量 V。平行测定三次，结果相对极差在 0.3% 以内。结果以试样中氮元素的质量分数表示。

【思考题】

1. NH_3HCO_3 和 NH_4Cl 中的含氮量测定能否使用甲醛法，为什么？

2. 为何预处理硫酸铵样品时使用甲基红做指示剂，而不用酚酞？

3. 甲醛法能否测定出硝酸铵试样的含氮量？如果可以，写出计算的方程式。

实验 27　铝、锌合金中 Al、Zn 含量测定

【实验目的】

1. 了解影响配位离解平衡的因素。

2. 加深对配合物特性的理解。

【实验原理】

铝、锌离子均能与 EDTA 形成稳定配合物，但其配合物的稳定性很接近 $\left[\lg K_a^{\ominus}(ZnY)=16.50,\ \lg K_a^{\ominus}(AlY)=16.30\right]$，因此不能用控制溶液酸度的方法进行分步滴定，故用置换滴定法。测定中，由于铝离子与 EDTA 配位反应的速率慢，且易水解，在较高酸度下煮沸则容易反应完全，所以向试液中加入一定量过量的 EDTA 标准溶液，煮沸，待冷却后，用六亚甲基四胺溶液调节 pH 为 5～6，以二甲酚橙作指示剂，用锌标准溶液返滴过量 EDTA，从而测出铝锌总量。再加过量 NH_4F 溶液加热，使 AlY 与氟反应，释放出与铝等物质的量的 EDTA，再用锌标准溶液滴定。

【仪器及试剂】

电子天平（万分之一），容量瓶（100mL），龙兴瓶（10L），烧杯（1000mL，500mL），锥形瓶（1000mL，500mL，250mL），量筒（500mL，200mL），酸式滴定管（50mL）。

硝酸（$\rho=1.40\text{g}\cdot\text{mL}^{-1}$，1:1），氨水（$\rho=0.89\text{g}\cdot\text{mL}^{-1}$），维生素 C(A. R.)，饱和乙酸锌溶液，饱和氟化铵溶液，饱和六亚甲基四胺溶液，去离子水。

【操作步骤】

1. 标样溶液配制

① 甲基红乙醇溶液（$1\text{g}\cdot\text{L}^{-1}$）：称取 0.1g 甲基红溶于 100mL 无水乙醇中，混匀。

② 二甲酚橙溶液（$10\text{g}\cdot\text{L}^{-1}$）：称取 1g 二甲酚橙溶于 100mL 水中，混匀。

③ EDTA 溶液（$250\text{g}\cdot\text{L}^{-1}$）：称取 250g 乙二胺四乙酸二钠于 1000mL 锥形瓶中，加入 800mL 水、40g 氢氧化钾，溶解完全后，加水至 1000mL，混匀，控制 pH 在 9～10 之间。

④ 乙酸-乙酸钠缓冲溶液（pH5.8）：称取 250g 无水乙酸钠于 1000mL 锥形瓶中，加入 800mL 水、60mL 冰乙酸，加水至 1000mL，混匀，用冰乙酸调

节 pH5.8。

⑤ EDTA 标准溶液的配制与标定：见实验 11。

⑥ 乙酸锌标准滴定溶液（$0.05\text{mol} \cdot \text{L}^{-1}$）的配制与标定

a. 配制：称取 32.69g（精确至 0.0001g）高纯锌[$w(\text{Zn}) > 99.99\%$]于 1000mL 烧杯中，缓慢加入 200mL 硝酸（1∶1），溶解完全后，冷却，移入 10L 龙头瓶中，加入 500mL 乙酸-乙酸钠缓冲溶液，加水至 10L，混匀，放置三天后标定。

b. 标定：用滴定管移取 40.00mL 乙酸锌标准滴定溶液于 500mL 锥形瓶中，加水至 200mL，加入少许维生素 C、2 滴二甲酚橙，用饱和六亚甲基四胺溶液调至溶液呈红色，用 EDTA 标准溶液滴至近终点；补加 10mL 饱和六亚甲基四胺溶液，再慢慢滴至溶液由红色变为亮黄色为终点。平行标定三次，计算乙酸锌溶液的准确浓度。

2. Al、Zn 含量测定：

准确称取 0.50g（精确至 0.0001g）锌合金屑状样品，加入 10mL 硝酸（1∶1），加热溶解完全后，加入 15mL EDTA 溶液，加入 1 滴甲基红，用氨水调节至溶液由红色变为黄色，加入 5mL 乙酸-乙酸钠缓冲溶液，加热至沸，加入 2 滴二甲酚橙，用乙酸锌标准溶液滴定至溶液由黄色变为紫红色为终点，记录所用溶液体积；加入 5mL 饱和氟化铵溶液，加热至沸，用乙酸锌标准溶液滴定至溶液由黄色变为紫红色为终点，记录所用溶液体积。

【数据处理】

$$n(\text{Zn}^{2+} + \text{Al}^{3+}) = c(\text{EDTA}) \times \frac{V(\text{EDTA})}{(70\text{mL})} - c(\text{乙酸锌}) \times V_1(\text{乙酸锌})$$

$$n(\text{Al}^{3+}) = c(\text{乙酸锌}) \times V_2(\text{乙酸锌})$$

$$n(\text{Zn}^{2+}) = n(\text{Zn}^{2+} + \text{Al}^{3+}) - n(\text{Al}^{3+})$$

$$w(\text{Zn}^{2+}) = \frac{n(\text{Zn}^{2+}) \times m(\text{Zn})}{m_s} \times 100\%$$

$$w(\text{Al}^{3+}) = \frac{n(\text{Al}^{3+}) \times m(\text{Al})}{m_s} \times 100\%$$

【思考题】

1. 溶解合金是否可以选用盐酸？

2. 乙酸-乙酸钠缓冲溶液的作用？

【实验记录】

合金的质量 m_s/g				
V(EDTA)/mL				
平行测定次数	1	2	3	4
第一次滴定乙酸锌的初始读数				
第一次滴定乙酸锌的终读数				
第二次滴定乙酸锌的初始读数				
第二次滴定乙酸锌的终读数				
第一次滴定消耗乙酸锌溶液体积 V_1(乙酸锌)/mL				
$\overline{V}$(乙酸锌)平均值/mL				
第二次滴定消耗乙酸锌溶液体积 V_2(乙酸锌)/mL				
$\overline{V}$(乙酸锌)平均值/mL				
$w(Zn^{2+})$				
$w(Al^{3+})$				

【实验总结】

120

实验 28　土壤中 SO_4^{2-} 含量的测定

【实验目的】

1. 了解晶形沉淀的形成条件、原理和方法。
2. 掌握重量法的基本操作：沉淀、过滤、洗涤和灼烧。

【实验原理】

测定 SO_4^{2-} 含量的经典方法是在酸性溶液中，用 $BaCl_2$ 作为沉淀剂生成 $BaSO_4$ 晶形沉淀，经过滤、洗涤、干燥、灼烧后，称量 $BaSO_4$ 的质量，再换算成 SO_4^{2-} 含量。土壤中 SO_4^{2-} 含量（$g \cdot kg^{-1}$）计算公式：

$$SO_4^{2-} 含量 = \frac{m_1 \times t \times 0.4116}{m \times K} \times 1000$$

式中，m_1 为 $BaSO_4$ 沉淀的质量，g；t 为分取倍数［浸出液体积（250mL）/ 吸取溶液体积（mL）］；m 为风干土样质量，g；K 为风干土样换算成烘干土样的水分换算系数；0.4116 为 $BaSO_4$ 换算成硫酸根的系数。

在 HCl 酸性介质中进行沉淀，可防止 CO_3^{2-}、PO_4^{3-} 等与 Ba^{2+} 生成沉淀，但酸可增大 $BaSO_4$ 的溶解度，一般 HCl 浓度以 $0.05mol \cdot L^{-1}$ 为宜。由于同时存在过量 Ba^{2+} 的同离子效应，故 $BaSO_4$ 溶解度损失可忽略不计。

$BaSO_4$ 沉淀初生成时，一般形成细小的晶体，易穿过滤纸。Cl^-、NO_3^-、ClO_3^- 等阴离子和 H^+、K^+、Na^+、Ca^{2+} 等均可引起共沉淀，应注意控制沉淀条件。

【仪器及试剂】

瓷坩埚（25mL），坩埚钳，玻璃漏斗，定量滤纸。

HCl（$2mol \cdot L^{-1}$），$BaCl_2$ 溶液（10%），$AgNO_3$ 溶液（$0.1mol \cdot L^{-1}$），HNO_3（$6mol \cdot L^{-1}$）。

【操作步骤】

1. 待测液的制备

风干土样过 2mm 筛，称取其中 50.00g（精确至 0.01g），置于干燥的 500mL 塑料瓶中，加入 250.00mL 无 CO_2 的去离子水，加塞，放在振荡机上振荡 3min，过滤或离心分离，得到清亮的待测浸出溶液。

2. 沉淀形成

吸取 100mL 上述滤液于 250mL 烧杯中，加 3mL HCl 溶液，加热近沸。

在不断搅拌下，逐滴加入 $BaCl_2$ 溶液，有白色沉淀出现，待沉淀下沉后，在上

层清液中滴加 $BaCl_2$ 溶液，若无沉淀产生，表示已沉淀完全。待 $BaSO_4$ 沉淀完全后，再多加 2~3mL $BaCl_2$ 溶液。置于水浴上恒温 1h，取下烧杯静置 2h（陈化）。用定量滤纸倾泻法过滤。烧杯中的沉淀用热去离子水洗 2~3 次，转入滤纸上，再用热去离子水洗涤沉淀至洗液中无 Cl^- 为止（检查方法：取滤液 2mL 加硝酸银溶液 2 滴，不显浑浊即表示无 Cl^-）。

3. 沉淀灼烧、称量

将滤纸包移入已灼烧至恒重的瓷坩埚中，经干燥、炭化、灰化后，在 800~850℃马弗炉中灼烧 20min，随后在干燥器中冷却 30min，称重，再将坩埚灼烧 20min，直至恒重。

用相同试剂和滤纸同样处理，做空白实验，测空白质量。

【思考题】

1. 为什么沉淀 $BaSO_4$ 要在稀 HCl 溶液中进行？HCl 加过量对实验有何影响？

2. 晶形沉淀为何要陈化？

3. 为了使沉淀完全，必须加入过量沉淀剂，为什么又不能过量太多？

4. 为什么 $BaSO_4$ 沉淀反应需在热溶液中进行，但要在冷却后过滤？

122

实验 29　水中化学耗氧量(COD)的测定(高锰酸钾法)

【实验目的】

掌握用高锰酸钾法测定水中化学耗氧量（COD）的原理和方法。

【实验原理】

化学耗氧量（COD）是环境水质标准及废水排放标准的控制项目之一，是度量水体受还原性物质（主要为有机物）污染程度的综合性指标。它是指在一定条件下，水体中还原性物质所消耗的氧化剂的量，换算成氧的量表示 $\rho(O_2)$（mg·L^{-1}）。

水样加入硫酸使呈酸性后，加入一定量的高锰酸钾溶液，并在沸水浴中加热反应一定的时间，使水中有机物充分被 $KMnO_4$ 氧化。剩余的高锰酸钾加入过量的草酸溶液还原，再用高锰酸钾溶液回滴过量的草酸。反应式为：

$$4KMnO_4 + 6H_2SO_4 + 5C \longrightarrow 2K_2SO_4 + 4MnSO_4 + 5CO_2\uparrow + 6H_2O$$

$$2MnO_4^- + 5C_2O_4^{2-} + 16H^+ \longrightarrow 2Mn^{2+} + 8H_2O + 10CO_2\uparrow$$

滴定至溶液显粉红色，30s 内不褪色即为终点。根据 $KMnO_4$ 标准溶液的总消耗量计算出水中耗氧量 $\rho(O_2)$（mg·L^{-1}）。

$$\rho(O_2) = \frac{5c(KMnO_4)(V_1 - V_2)M(O_2)}{4V(水样)}$$

式中，V（水样）为水样体积；V_1 为水样滴定时消耗高锰酸钾溶液总体积；V_2 为空白试验消耗高锰酸钾溶液总体积；$M(O_2)$ 为 O_2 的摩尔质量；$c(KMnO_4)$ 为高锰酸钾溶液浓度。

若水样中含有的 Cl^- 大于 300mg·L^{-1}，会影响测定结果，可稀释降低 Cl^- 浓度以消除干扰。如仍不能消除干扰，则加入 1g Ag_2SO_4，可消除 200mg Cl^- 的干扰。同时，应取同样量的蒸馏水，测空白值。

【仪器及试剂】

锥形瓶（250mL），酸式滴定管（50mL），移液管（25mL，50mL），容量瓶（100mL，250mL），量筒（5mL，10mL）。

H_2SO_4 溶液（3mol·L^{-1}），$KMnO_4$（0.02mol·L^{-1}），$H_2C_2O_4$（0.005mol·L^{-1}），沸石。

【操作步骤】

1. 0.002mol·L^{-1} $KMnO_4$ 标准溶液的配制与标定

准确移取 25.00mL 0.02mol·L^{-1}高锰酸钾标准溶液（见实验 17）至 250mL

容量瓶中，用去离子水定容。

2. COD 的测定

① 准确移取 50mL 水样于 250mL 锥形瓶中，加入 5mL 3mol·L^{-1} H$_2$SO$_4$，摇匀。

② 读取 KMnO$_4$ 溶液的液面读数后，由滴定管放入 10.00mL 0.002mol·L^{-1} KMnO$_4$ 标准溶液于锥形瓶中，摇匀，再放入少许沸石，立即放在电炉上加热至沸，从冒第一个大气泡开始计时，准确煮沸 5min。

③ 取下锥形瓶，冷却 1min 后，加入 10.00mL 0.005mol·L^{-1} H$_2$C$_2$O$_4$ 标准溶液，摇匀，此时溶液由红色转为无色，立即用 0.002mol·L^{-1} KMnO$_4$ 溶液滴定至粉红色且 30s 内不褪色为止，记录此时 KMnO$_4$ 溶液的液面读数，算出 KMnO$_4$ 溶液消耗体积 V_1。

④ 另取 50mL 去离子水代替水样，重复上述操作，求出空白值 V_2，计算出 COD 值。

平行测定三次，相对极差不大于 0.3%。

【注意事项】

1. 在水浴加热完毕后，溶液仍应保持淡红色，如全部褪去，说明高锰酸钾的用量不够。此时，应将水样稀释倍数加大后再测定。

2. 经验证明，控制加热时间很重要，煮沸 5min，要从冒第一个大气泡开始计时，否则精密度差。

【思考题】

1. 测定水中化学耗氧量的意义何在？

2. 水样中氯离子含量高时，为什么对测定有干扰？应采用什么方法加以消除？

【实验记录】

项　目	编　号		
	1	2	3
c(KMnO$_4$)/mol·L^{-1}			
V(水样)/mL			
水样测定中 KMnO$_4$ 终读数			
水样测定中 KMnO$_4$ 初读数			
V_1/mL			
V(H$_2$O)/mL			
空白试验 KMnO$_4$ 终读数			
空白试验 KMnO$_4$ 初读数			

124

项目	编号		
	1	2	3
V_2/mL			
$\rho(O_2)$/mg·L^{-1}			
$\bar{\rho}(O_2)$/mg·L^{-1}			
相对极差			

【实验总结】

实验 30　石灰石中钙含量的测定

【实验目的】

1. 掌握酸溶法的溶样方法。

2. 掌握配位滴定法测定石灰石中钙含量的方法和原理。

【实验原理】

石灰石的主要成分为 $CaCO_3$，同时还含有一定量的 $MgCO_3$、SiO_2 及铁、铝等杂质。试样的分解可采用碱熔融的方法，制成溶液，分离除去 SiO_2 和 Fe^{3+}、Al^{3+} 等杂质，然后测定钙和镁，但这样操作复杂。若试样中含酸不溶物较少，通常用酸溶解试样，采用配位滴定法测定钙、镁含量，简便快速。试样经酸溶解后，Ca^{2+}、Mg^{2+}、Fe^{3+}、Al^{3+} 等离子共存于溶液中，可用酒石酸钾钠或三乙醇胺掩蔽 Fe^{3+}、Al^{3+} 等干扰离子，调节溶液的酸度至 $pH \geqslant 12$，使 Mg^{2+} 生成氢氧化物沉淀，以钙指示剂指示终点，用 EDTA 标准溶液滴定，即得到钙的含量。

【仪器及试剂】

电子天平（万分之一），移液管（25mL），量筒（50mL），容量瓶（250mL），烧杯（250mL），酸式滴定管（50mL），锥形瓶（250mL），表面皿。

石灰石试样，EDTA 标准溶液（$0.01mol \cdot L^{-1}$），NaOH（20%），HCl（$6mol \cdot L^{-1}$），三乙醇胺水溶液（1:2），钙指示剂。

【操作步骤】

1. $0.01mol \cdot L^{-1}$ EDTA 标准溶液的配制和标定（详见实验 11）

2. 样品的制备

准确称取石灰石试样 0.25～0.30g（精确至 0.0001g），加少量水湿润，放入 250mL 烧杯中，徐徐加入 7～8mL $6mol \cdot L^{-1}$ HCl 溶液，盖上表面皿，用小火加热至试样全部溶解，待作用停止后冷却，移开表面皿，并用蒸馏水洗表面皿，转移到 250mL 容量瓶中，加水稀释至刻度，摇匀，待用。

3. 钙含量的测定

准确移取试液 25.00mL 于 250mL 锥形瓶中，加 20mL 水、5mL 三乙醇胺溶液，摇匀。加 10mL NaOH 溶液（$pH \geqslant 12$），摇匀。放入钙指示剂少许（约 10mg），用 EDTA 标准溶液滴定至溶液由红色恰变蓝色，记录所用 EDTA 溶液的体积。按滴定耗用 EDTA 溶液的体积计算试样中氧化钙的质量分数。做三次平行实验，相对极差应低于 0.3%。

【思考题】

1. 怎样分解石灰石试样？用酸溶解时，怎样知道试样溶解已经完全？

2. 本法测定钙含量时，试样中存在的镁有干扰吗？用什么方法可以测定镁的含量？

实验 31 无汞法测定铁矿石中铁的含量（$K_2Cr_2O_7$ 法）

【实验目的】

1. 掌握直接法配制 $K_2Cr_2O_7$ 标准溶液的方法。

2. 掌握无汞法测定铁矿石中铁含量的原理和实验条件、试样预处理方法及其特点。

【实验原理】

在工农业生产中经常需要测定样品中铁元素的含量，铁的测定应用范围很广。如在判断铁矿石的品质来确定有无开采价值时，要对铁矿石中铁的含量进行测定。铁矿石主要指磁铁矿（Fe_3O_4）、赤铁矿（Fe_2O_3）和菱铁矿（$FeCO_3$）。

测定铁矿石中含铁量的经典方法是氧化还原滴定中重铬酸钾法的有汞法。该方法测定快速、准确度高，是我国矿石含铁量测定的标准方法，简称"国标法"。但汞盐有剧毒，为了避免污染环境，在有汞法的基础上发展起来了无汞法。无汞法克服了有汞法的缺点，目前也已列入国家标准。

试样用盐酸加热溶解，在热溶液中，用 $SnCl_2$ 还原大部分 Fe^{3+}，然后以钨酸钠为指示剂，用 $TiCl_3$ 溶液定量还原剩余部分 Fe^{3+}，当 Fe^{3+} 全部还原为 Fe^{2+} 后，过量一滴 $TiCl_3$ 溶液使钨酸钠还原为蓝色的五价钨的化合物（俗称"钨蓝"），使溶液呈蓝色，滴加 $K_2Cr_2O_7$ 溶液使钨蓝刚好褪色。溶液中的 Fe^{2+} 在硫磷混酸介质中，以二苯胺磺酸钠为指示剂，用 $K_2Cr_2O_7$ 标准溶液滴定溶液至紫色为终点。涉及如下反应：

$$Fe_2O_3 + 6H^+ + 8Cl^- =\!\!=\!\!= 2FeCl_4{}^- + 3H_2O$$

$$2FeCl_4{}^- + SnCl_4^{2-} + 2Cl^- =\!\!=\!\!= 2FeCl_4^{2-} + SnCl_6^{2-}$$

$$2Fe^{3+} + Ti^{3+} + 2H_2O =\!\!=\!\!= 2Fe^{2+} + TiO_2{}^+ + 4H^+$$

$$Cr_2O_7^{2-} + 6Fe^{2+} + 14H^+ =\!\!=\!\!= 2Cr^{3+} + 6Fe^{3+} + 7H_2O$$

利用下式即可计算试样中的铁含量：

$$w(Fe) = \frac{6c(K_2Cr_2O_7)V(K_2Cr_2O_7) \times M(Fe)}{m_s}$$

【仪器及试剂】

酸式滴定管（50mL），锥形瓶（250mL），容量瓶（250mL），烧杯（100mL），滴管，水浴锅，表面皿，电子天平（万分之一）。

$K_2Cr_2O_7(s)$（A. R.），HCl（1:1），$KMnO_4$（1%），$SnCl_2$ 溶液（10%），$TiCl_3$ 溶液（1:9），Na_2WO_4 溶液（1%），H_2SO_4-H_3PO_4 混酸，二苯胺磺酸钠（0.5%），

铁矿石试样(s)。

【操作步骤】

1. $0.02mol \cdot L^{-1}$ $K_2Cr_2O_7$ 标准溶液的配制

在分析天平上准确称取适量（请自行计算）的 $K_2Cr_2O_7$ 于 100mL 小烧杯中，加水溶解，定量转入 250mL 容量瓶中，稀释至刻度，定容，摇匀。计算其准确浓度。

2. 铁样的分解

① 准确称取铁样 0.2g，置于锥形瓶中，用少量水润湿，加入 20mL HCl，盖上表面皿。小火加热至近沸，铁矿石分解后溶液为红棕色。

② 趁热滴加 10% 的 $SnCl_2$ 至溶液呈浅黄色（$SnCl_2$ 不宜过量），缓慢煮沸 1～2min，直至铁矿石分解完全（此时残渣为白色或浅色，无黑色残渣）。此时若溶液颜色变深（黄色加深），应再补加少许 $SnCl_2$ 溶液使之变为浅黄色。如果 $SnCl_2$ 加过量（应尽量避免），可滴加少量 1% $KMnO_4$ 溶液至溶液重新出现浅黄色。停止加热。

③ 冲洗锥形瓶瓶壁及表面皿，加入 50mL 水及 8 滴 Na_2WO_4 溶液，在摇动下滴加 $TiCl_3$ 溶液至刚好出现浅蓝色，再过量 2 滴。此时若溶液还热，需要用自来水冷却至室温，然后小心滴加 $K_2Cr_2O_7$ 溶液（公用）至钨蓝恰好褪去（此时溶液接近无色或呈浅绿色）。

3. 铁含量的测定

再加入 50mL 水、10mL 硫磷混酸溶液和 6 滴二苯胺磺酸钠溶液，立即用 $K_2Cr_2O_7$ 标准溶液滴定至溶液呈稳定的紫红色即为终点。平行测定三次。测定结果相对极差不大于 0.3%。

【注意事项】

1. 平行测定的三份铁矿样可以同时溶解，但是不可以同时还原，以免 Fe^{2+} 被空气中的氧氧化。

2. 加入 $SnCl_2$ 不宜过量，否则使测定结果偏高。如不慎过量，可滴加 1% $KMnO_4$ 溶液使试液呈浅黄色。

3. Fe^{2+} 在酸性介质中极易被氧化，必须在"钨蓝"褪色后 1min 内立即滴定，否则测定结果偏低。

【思考题】

1. 为什么不能将三份试液都预处理完后，再依次用 $K_2Cr_2O_7$ 滴定？

2. 本实验用 $K_2Cr_2O_7$ 滴定前，加入硫磷混酸的作用是什么？为什么加入硫磷混酸和指示剂后必须立即滴定？

3. 为什么 $SnCl_2$ 溶液须趁热滴加？

【实验记录】

		I	II	III
$m(K_2Cr_2O_7)/g$				
$c(K_2Cr_2O_7)/mol \cdot L^{-1}$				
平行测定次数		I	II	III
m_s/g				
$K_2Cr_2O_7$ 终读数				
$K_2Cr_2O_7$ 初读数				
$V(K_2Cr_2O_7)/mL$				
$w(Fe)$				
$\overline{w}(Fe)$				
相对极差				

【实验总结】

实验 32　维生素 C 含量的测定（氧化还原滴定法）

【实验目的】

掌握氧化还原滴定法测定食品中维生素 C 的方法。

【实验原理】

维生素 C 是人体不可缺少的营养物质，具有多种药用价值，缺乏时可导致坏血病，因此，又被称为抗坏血酸。某些食品（如果品）中维生素 C 含量的多少，是决定其营养价值的重要标志之一。天然的维生素 C 有还原型和脱氢型两种，还原型维生素 C 能还原 2,6-二氯靛酚染料。该染料在酸性溶液中呈红色，被还原后红色消失。还原型维生素 C 还原染料后，本身被氧化成脱氧型维生素 C。在没有杂质干扰时，一定量的样品提取液还原标准染料液的量与样品中所含维生素 C 的量呈正比。

因维生素 C 易发生氧化，所以取样品时应尽量缩短操作时间，并避免与铜铁等接触，防止氧化。

【仪器及试剂】

青椒，草酸溶液（2%），2,6-二氯靛酚溶液（0.1%），维生素 C 标准溶液（0.1mg·mL^{-1}）。

电子天平（百分之一），滴定管（50mL），容量瓶（50mL），移液管（10mL），锥形瓶（50mL），离心管，烧杯，洗耳球、研钵。

【操作步骤】

① 称取青椒 10g（精确到 0.01g，样品必须预先用温水洗去泥土，并在空气中风干或用吸水纸吸干表面的水分），加等量的 2% 草酸溶液，匀浆。将匀浆液转入离心管中，用少量 2% 草酸溶液冲洗匀浆杯，一起转入离心管中。离心后将上清液移入 50mL 容量瓶，用少量 2% 草酸冲洗沉淀并离心，上清液移入容量瓶中，如此反复抽提 3 次，最后用 2% 草酸定容。

② 若样液具有颜色，用脱色力强但对维生素 C 无损失的白陶土去色，然后迅速吸取 5～10mL 滤液，置于 50mL 锥形瓶中，用标定过的 2,6-二氯靛酚染料溶液滴定，直至溶液呈粉红色，并在 15～30s 不褪色为止，记下用量 V。滴定过程必须迅速（不超过 2min）。

③ 同时，吸取 2% 草酸 10mL 于烧杯中，作空白滴定，记下用量 V_0。

④ 标准溶液滴定同②，由消耗的染料体积可计算出 1mL 染料相当于多少毫克维生素 C，记为 T。

平行进行三次实验，计算样品中维生素 C 含量（mg/100g 样品）。

$$维生素 C 含量 = \frac{(V - V_0) \times T \times 100 \times V_定}{m \times V_吸}$$

式中，V 为滴定样品时所耗去染料溶液的量，mL；V_0 为滴定空白时所耗去染料溶液的量，mL；T 为 1mL 染料溶液相当于维生素 C 标准溶液的量，mg；$V_定$ 为样品提取液定容体积；$V_吸$ 为滴定时吸取样品提取液体积；m 为样品质量，g。

【思考题】

维生素 C 容易氧化，实验操作中应注意什么？

实验 33 漂白粉中有效氯的测定

【实验目的】

1. 掌握间接碘量法测定漂白粉中有效氯的原理。
2. 掌握间接碘量法测定的基本操作。

【实验原理】

漂白粉是重要的环境消毒剂，其主要成分为氯化钙和次氯酸钙，在酸性条件下，这两种物质发生反应生成氯气（有效氯），从而达到消毒杀菌的作用。漂白粉的消毒效用常以有效氯含量来衡量。涉及的化学反应为：

$$Ca(ClO)Cl + 2H^+ \Longrightarrow Ca^{2+} + Cl_2 + H_2O$$

利用氯的氧化性，漂白粉中的有效氯可与过量 KI 作用，定量生成 I_2，采用硫代硫酸钠标准溶液滴定生成的碘，可以测定出漂白粉中有效氯的含量。

$$Cl_2 + 2I^- \Longrightarrow 2Cl^- + I_2$$
$$2S_2O_3^{2-} + I_2 \Longrightarrow S_4O_6^{2-} + 2I^-$$

【仪器及试剂】

烧杯（100mL），移液管（25mL），量筒（50mL），容量瓶（250mL），玻璃棒，碘量瓶（250mL），电子天平（万分之一），碱式滴定管（50mL）。

$Na_2S_2O_3$ 标准溶液，H_2SO_4（3mol·L^{-1}），KI 溶液（10%），淀粉指示剂（1%）。

【操作步骤】

1. 0.10mol·L^{-1} 的硫代硫酸钠溶液的配制和标定（详见实验 19）

2. 漂白粉悬浊液的配制

称取漂白粉 2g（精确到 0.0001g），于 100mL 小烧杯中加蒸馏水调为糊状，加适量蒸馏水调为悬浊液，转移至 250mL 容量瓶定容。

3. 漂白粉中有效氯含量的测定

用 25mL 移液管迅速移取摇匀的漂白粉悬浊液于 250mL 的碘量瓶中，加入 10mL 3mol·L^{-1} 的 H_2SO_4 及 20mL 10% 的 KI 溶液，加盖摇匀，并加水封，于暗处放置 5min，加水稀释至 100mL，立即用硫代硫酸钠溶液标定至红棕色变为浅黄色，加入 3mL 淀粉（1%）指示剂，继续滴定至蓝色刚好消失，即为终点。平行测定三份，所消耗的硫代硫酸钠溶液体积极差应小于 0.03mL。

【思考题】

1. 本实验中应注意哪些反应条件？
2. 为何要快速转移漂白粉悬浊液？

实验 34　水果中维生素 C 含量测定（紫外光谱法）

【实验目的】

1. 掌握紫外光谱法测定水果中维生素 C 的原理和方法。
2. 了解紫外分光光度计的结构。
3. 掌握紫外分光光度计的应用方法。

【实验原理】

紫外分光光度法是基于物质对紫外光（波长范围 200～400nm）具有选择性吸收的原理的分析方法。定量分析的理论依据是朗伯-比耳定律。通过测定溶液对一定波长入射光的吸光度，可求出物质在溶液中的浓度和含量。

维生素 C 具有较强的还原性，加热或在溶液中易氧化分解。通过测定样品在 243nm 处的吸光度值，求得溶液中维生素 C 的含量。

【仪器及试剂】

紫外分光光度计，电子天平，容量瓶（50mL，100mL），吸量管（5mL，10mL），榨汁机，棉花，石英比色皿（1cm），漏斗。

维生素 C 标准溶液，草酸（1%），待测水果。

【操作步骤】

① 标准溶液配制：用吸量管分别移取维生素 C 标准溶液 1.5mL、2mL、3mL、4mL、5mL 于 50mL 容量瓶中，用蒸馏水稀释至刻度，摇匀，备用（维生素 C 标准溶液配制时已加入草酸）。

② 样品溶液制备：将水果用榨汁机捣碎后，称取 10g 左右于 100mL 小烧杯中，加入 5mL 1%的草酸，搅拌均匀。用普通漏斗过滤到 100mL 容量瓶中，用蒸馏水洗涤滤渣 3 次，洗液收集到容量瓶中，至溶液体积达到容量瓶的 2/3 容积时，停止洗涤过滤，用蒸馏水定容。从上述容量瓶中准确取 10mL 溶液于 50mL 容量瓶中，用蒸馏水稀释至刻度。

③ 空白溶液的制备：取 5mL 1%草酸于 100mL 容量瓶中，再从中准确取 10mL 于 50mL 容量瓶中，用蒸馏水定容。

④ 标准曲线绘制：以 243nm 为测定波长，空白溶液为参比溶液，将标准溶液装入比色皿中，按从稀到浓依次测定其吸光度。以吸光度为纵坐标，标准溶液浓度为横坐标，绘制标准曲线。

⑤ 将样品溶液装入比色皿中，测定其吸光度值。

⑥ 根据标准曲线，求样品溶液中维生素 C 的浓度。

⑦ 计算待测水果中维生素 C 的含量。

【思考题】

1. 维生素 C 易氧化，实验操作中应注意什么？

2. 为什么采用石英比色皿，而不用更便宜的玻璃比色皿？

【实验记录】

编　号	0	1	2	3	4	5	样品 1	样品 2
吸光度								
浓度/mg·L^{-1}								

水果中维生素 C 含量＝　　　　mg·(100g)$^{-1}$。

实验 35 荧光法测定奎宁的含量

【实验目的】

1. 了解荧光仪的性能与结构；熟悉仪器的操作步骤。
2. 学会绘制激发光谱和荧光谱图（即确定最大的 λ_{EX} 和 λ_{Em}）。
3. 掌握定量测定奎宁的含量（标准曲线法）的方法。

【实验原理】

当分子在紫外或可见光的照射下，吸收了辐射能后，形成激发态分子，分子外层的电子在 10^{-8}s 内返回基态，在返回基态的过程中，部分能量通过碰撞以热能形式释放，跃至第一激发态的最低振动能级，其余的能量以辐射形式释放出来。这种分子在光的照射下，外层电子从第一激发态的最低振动能级跃至基态时，发射出来的光称为分子荧光。它是由于光致发光而产生的，通常分子荧光具有比照射光较长的波长。分子荧光强度可用下式表示：

$$I_F = 2.3K'KbcI_0$$

当 I_0 一定时：

$$I_F = Kc$$

式中，K' 取决于荧光效率；K 是荧光分子的摩尔吸光系数；b 是液槽厚度；c 是荧光物质的浓度。由此可见，在一定条件下，荧光强度与物质的浓度呈线性关系。因荧光物质的猝灭效应，此法仅适用于痕量物质分析。

奎宁在稀酸溶液中表现出很强的荧光，它有两个激发波长 250nm 和 350nm，荧光发射波长在 450nm。在低浓度时，荧光强度与荧光物质量浓度呈正比 $I_F = Kc$。

【仪器及试剂】

分子荧光光度计（日立 F-4500 型），容量瓶（5mL，50mL，1000mL），吸量管。

$100.0\mu g \cdot mL^{-1}$ 奎宁储备液：准确称取 120.7mg 硫酸奎宁二水合物，加 50mL 1mol·L^{-1} H_2SO_4 溶解，转移至 1000mL 容量瓶中，用蒸馏水定容。吸取 5.00mL 此溶液至 50mL 容量瓶中，用 0.05mol·L^{-1} H_2SO_4 定容，即得 10.0μg·mL^{-1} 奎宁标准溶液。

【操作步骤】

1. 系列标准溶液的配制

取 6 只 50mL 容量瓶，分别加入 10.0μg·mL^{-1} 奎宁标准溶液 0mL、2.00mL、4.00mL、6.00mL、8.00mL、10.00mL，用 0.05mol·L^{-1} H_2SO_4 溶液稀释至刻

度，摇匀。

2. 绘制激发光谱和荧光发射光谱

将标准溶液倒入 1cm 石英荧光池中，将荧光池放于样品池架中，关好试样室盖。选择合适的仪器测量条件，如狭缝宽度、扫描速度、灵敏度等，进行测量。

① 荧光光谱的绘制：将激发波长设定为 360nm，在 400～600nm 范围扫描荧光光谱，确定合适的荧光波长。

② 激发光谱的绘制：将荧光波长设定为上述荧光波长（450nm），在 200～400nm 范围扫描激发光谱，确定合适的激发波长。

3. 标准样品荧光强度的测定

将样品的激发波长固定在 350nm 处，荧光波长固定在 450nm 处，测定系列标准样品溶液的荧光强度。

4. 绘制标准曲线

绘制荧光强度 I_F 对奎宁溶液浓度 c 的标准曲线。

5. 未知试样的测定

取 3～4 片奎宁药片，在研钵中研细。准确称取约 0.1g，用 $0.05mol \cdot L^{-1}$ H_2SO_4 溶解，全部转移至 1000mL 容量瓶中，以 $0.05mol \cdot L^{-1}$ H_2SO_4 稀释至刻度，摇匀。取溶液 5.00mL 于 50mL 容量瓶中，用 $0.05mol \cdot L^{-1}$ H_2SO_4 稀释至刻度，摇匀。在与标准系列溶液同样的测定条件下，测量试样溶液的荧光强度。

6. 计算

由标准曲线查出试样的浓度，并计算药片中的奎宁含量。

【思考题】

1. 荧光分光光度计由哪几部分组成？
2. 荧光分析法的优点是什么？

实验 36 原子吸收法测头发中 Zn 含量

【实验目的】

1. 学习样品的干灰化技术。
2. 学习和掌握利用原子吸收分光光度法测定微量元素。

【实验原理】

Zn 广泛分布于有机体的所有组织中，对于人和动物，缺 Zn 会阻碍蛋白质的合成以及影响酶的形成，Zn 的测定是营养诊断常规项目之一。正常人的头发中 Zn 含量为 $100\sim400mg \cdot kg^{-1}$。由于组分含量较低，可使用原子吸收的方法测定其含量。

原子吸收分光光度法是指从光源中辐射出的待测元素的特征谱线通过样品的原子蒸气时，被蒸气中待测元素的基态原子吸收，使通过的光的强度减弱，根据光强变化的程度进行定量分析的一种方法。在一定浓度范围内，被测元素的浓度 c、入射光强度 I_0 和透射光强度 I_t 符合朗伯-比尔定律，即：

$$A=KLN_0$$

式中，A 为吸光度；K 为比例系数；L 为样品的光程长度；N_0 为基态原子数目。当火焰的热力学温度低于 3000K 时，可以认为原子蒸气中基态原子的数目接近于原子总数目。在固定的实验条件下，原子总数与样品浓度的比例是恒定的，可记为 $A=K'c$，这是原子吸收定量分析的基本关系式。常借助于标准曲线法和标准加入法进行分析。

【仪器及试剂】

TAS-986 原子吸收分光光度计，电子天平（万分之一），马弗炉，电炉，剪刀，瓷坩埚（30mL），容量瓶（50mL），刻度吸量管（5mL），量筒。

Zn 标准溶液（$10mg \cdot L^{-1}$，将纯度为 99.99％的 Zn 粒溶于 $2mol \cdot L^{-1}$ 的盐酸中制得），盐酸（1％，10％）。

【操作步骤】

1. 样品的采集和处理

先将头发用洗发剂洗净，一定要用自来水冲洗至无泡，然后晾干待用。

用不锈钢剪刀将头发剪碎至 1cm 左右，准确称取 0.1500g 于 30mL 的瓷坩埚内，然后在电炉上炭化至无烟，再放入已升温至 500℃的马弗炉中灼烧 1h，灰化完全后，冷却，用 7.5mL 10％的 HCl 溶解，然后转移到 50mL 的容量瓶中，用 1％盐酸定容，待测。

2. 绘制标准曲线

取 6 个 50mL 容量瓶，洗净、编号。分别吸取 Zn 标准溶液 0.00mL、1.00mL、2.00mL、3.00mL、4.00mL、5.00mL 于容量瓶中，然后用蒸馏水稀释至刻度，充分摇匀。

参照仪器的使用说明（详见第 3 章中的 3.2.3.5 的内容），以蒸馏水调节仪器的吸光度为 0，按由稀到浓的次序测量标准系列溶液，记录数据并绘制标准曲线。

3. 测定头发样品中的 Zn 含量

每次测定前都以蒸馏水调节仪器的吸光度为 0，分别测量样品溶液的吸光度，记录数据，并依据试液的吸光度值，从标准曲线上查出其浓度，并计算出头发样品中 Zn 的含量。

【思考题】

1. 空心阴极灯的作用是什么？

2. 样品处理有哪几种方法？各应注意哪些事项？

3. 什么原因造成配制的样品溶液浑浊？如何解决？

【实验记录】

编　号	0	1	2	3	4	5	试样 1	试样 2
浓度/mg·L^{-1}								
吸光度 A								

原试样中 Zn 的含量（mg·kg^{-1}）=＿＿＿＿＿＿＿

【实验总结】

139

实验 37　气相色谱法测定马拉硫磷原药有效成分

【实验目的】

1. 了解气相色谱仪的工作原理。
2. 掌握气相色谱内标定量方法。
3. 掌握马拉硫磷原药中有效成分含量测定及计算方法。

【实验原理】

气相色谱法（gas chromatography，GC）是一种以气体为流动相、以固体或液体为固定相的色谱法，分为气固色谱法和气液色谱法，主要利用被分离物质沸点、极性以及吸附性等性质差异实现对混合物的分离。气相色谱的特点：①高选择性，能够分离理化性质极为相似的组分；②高效能，可达 100 万个塔板数；③检测限低，检测下限可达到 $10^{-12} \sim 10^{-14}$ g；④分析速度快，一般分析只需要几分钟到几十分钟，且操作非常方便；⑤应用范围广，在 $-196 \sim 450$℃ 的范围内，能够汽化且热稳定性好、相对分子质量小于 1000 的气体或液体，均可以用气相色谱法分析。

马拉硫磷是一种高效、低毒、残效期短的化学杀虫剂，马拉硫磷原药和农药残留量分析主要采用气相色谱法。

【仪器及试剂】

Agilent GC6890（FID），色谱柱（15m×0.53mm HP-5 毛细管柱），电子天平（百分之一，万分之一），容量瓶（10mL，50mL）。

丙酮（A.R.），磷酸三苯酯（C.P.），马拉硫磷标样（纯度为 99.0%），马拉硫磷原药（纯度≥95%）。

色谱条件：载气（氮气）10mL·min^{-1}，补充气 30mL·min^{-1}，氢气 30mL·min^{-1}，空气 300mL·min^{-1}；进样口温度 260℃，检测器温度 260℃；柱温 200℃ 保持 2min，随后以 10℃·min^{-1} 升高到 220℃，保持 1min，再以 30℃·min^{-1} 升高到 250℃，保持 3min；进样量 1μL。

【操作步骤】

用马拉硫磷标样配制成一系列浓度，采用气相色谱法进行分析；同样，测定马拉硫磷原药样品，以磷酸三苯酯为内标，对马拉硫磷原药样品进行含量分析。

1. 内标的配制

称取 0.0500g（精确到 0.0002g）内标物质磷酸三苯酯，用丙酮溶解后，转移至 50mL 容量瓶中，用丙酮定容、充分摇匀后备用。

2. 马拉硫磷标准溶液的配制

称取 0.0500g（精确到 0.0002g）马拉硫磷标样，用丙酮溶解后，转移至 50mL 容量瓶中，用丙酮定容，充分摇匀。分别移取一定体积标准溶液于 5 个

10mL 容量瓶中，分别加入 1.5mL 磷酸三苯酯内标溶液，用丙酮稀释并定容，充分摇匀后备用。所配制的标准溶液的浓度分别为 50mg·L^{-1}、100mg·L^{-1}、150mg·L^{-1}、200mg·L^{-1} 及 250mg·L^{-1}。

3. 马拉硫磷原药样品溶液的配制

称取马拉硫磷原药样品 1.5mg，用丙酮溶解后转移至 10mL 容量瓶中，加入 1.5mL 磷酸三苯酯内标溶液，用丙酮稀释并定容，充分摇匀后备用。

4. 分析测定

仪器稳定后，进马拉硫磷标准溶液或其原药样品溶液进行测定，重复进样，直到相邻两次测定峰面积相差小于 2%。

5. 方法的线性范围

分别测定一系列不同浓度的马拉硫磷标准溶液，确定方法的线性范围。

6. 计算

分别测定马拉硫磷标样及原药样品的峰面积（$A_{标/内}$ 及 $A_{样/内}$），以内标法计算马拉硫磷原药样品中有效成分含量（x）：

$$x = \frac{A_{样/内} \times M_{标} \times P}{A_{标/内} \times M_{样}} \times 100\%$$

式中，P 为标准样品的质量分数（一般为 99%）。

7. 结果

① 方法的线性范围：以 5 个浓度梯度的马拉硫磷标准溶液线性范围测定结果作图，得到回归曲线。

② 马拉硫磷原药中有效成分的含量：以内标法计算马拉硫磷原药样品中有效成分含量（x）。

【思考题】

1. 气相色谱的分离原理是什么？

2. 本实验中所用检测器是哪种？

3. 气相色谱定量分析的方法有哪几种？内标法定量应注意什么？

【实验记录】

气相色谱法测定马拉硫磷有效成分实验报告单

班级_____ 姓名_____ 学号_____ 合作者_____ 日期_____

色谱柱规格 载气 检测器 色谱仪		色谱柱温度/℃ 载气流速/mL·min^{-1} 检测器温度/℃ 进样口温度/℃ 进样量/μL	
定量分析		马拉硫磷原药	
保留时间 t_r/min			
定量结果/%			

【实验总结】

实验 38　高效液相色谱法分离几种水溶性维生素

【实验目的】

1. 了解高效液相色谱仪的工作原理。
2. 掌握高效液相色谱法分离几种水溶性维生素的步骤及条件。
3. 掌握内标法定量方法。

【实验原理】

高效液相色谱法原理参见第 3 章 3.4.1 内容。

【仪器及试剂】

Agilent LC1100 [可变波长扫描紫外检测器（VWD），波长范围 190～600nm]。

色谱柱：Lichrosorb NH_2 250mm×4.6mm，$10\mu m$。

流动相：$0.005mol \cdot L^{-1}$ KH_2PO_4：乙腈＝25：75。

检测波长：254nm，进样量 $10\mu L$。

乙腈（A.R.），KH_2PO_4（A.R.），去离子水，维生素 B_1、维生素 B_6 及维生素 B_{12}（A.R.）。

【操作步骤】

采用反相高效液相色谱法，以氨基键合固定相和乙腈-KH_2PO_4-水三元极性流动相，对结构、分子量、极性不同的三种维生素——维生素 B_1、维生素 B_6 及维生素 B_{12} 显示出不同的静电力和氢键力，使得这三种物质具有不同的色谱保留时间，从而达到理想的分离。

1. 内标及标准溶液的配制

用流动相配制内标溶液，每 $10\mu L$ 溶液中含维生素 B_1、维生素 B_6 及维生素 B_{12} 分别为1200ng、1300ng 及500ng，进一步分别稀释至原浓度的 1/2、1/3、1/4、1/5，备用。其中维生素 B_1 是实验中所选用的内标。

2. 混合样品的配制

将一定量的维生素 B_6 和维生素 B_{12} 溶于流动相中，向其中加入内标物维生素 B_1（$0.1mg \cdot L^{-1}$），充分摇匀后备用。

3. 分析测定

① 准备配制流动相（$0.005mol \cdot L$ KH_2PO_4：乙腈＝25：75）1000mL，混合均匀后用 $0.45\mu m$ 滤膜过滤。脱气后加入到储液瓶中。

② 按照仪器操作程序步骤开机，设定流速、检测波长、柱温等参数，基线平

稳后进样，采集数据。

4．方法的线性范围

对一系列不同浓度的标准溶液进行测定，以内标法测定标样及待测样本的峰面积，确定方法的线性范围。

5．测定结果

① 根据 5 个不同浓度的标准溶液线性范围测定结果作图，得到回归曲线。

② 测定几种水溶性维生素的含量，测定混合样品中的相应成分的含量。

【思考题】

1．高效液相色谱的分离原理是什么？

2．本实验中所用检测器是哪种？为什么？

3．能不能用气相色谱分离测定维生素 B_1、维生素 B_6 及维生素 B_{12}？为什么？

【实验记录】

高效液相色谱法分离几种水溶性维生素实验报告单

班级_____　姓名_____　学号_____　合作者_____　日期_____

色谱柱规格 固定相 流动相 检测波长/nm		色谱柱温度/℃ 进样量/μL 流动相速度/mL·min^{-1} 仪器	
测试物	维生素 B_1	维生素 B_6	维生素 B_{12}
保留时间 t_r/min			
混合试样定量结果/mg·L^{-1}			

【实验总结】

143

实验 39 蔬菜中 β-胡萝卜素的分离及含量测定

【实验目的】

1. 掌握分光光度法测 β-胡萝卜素含量的原理及方法。
2. 学会标准曲线的绘制方法，计算分析结果。
3. 掌握 722 型分光光度计的使用方法。

【实验原理】

β-胡萝卜素（β-carotene）分子中的碳骨架是由 8 个异戊二烯单位连接而成的，它是四萜类化合物。分子中有一个较长的 π-π 共轭体系，能吸收不同波长的可见光，因而，它呈现一定的颜色。β-胡萝卜素是黄色物质，所以，又把它叫做多烯色素。β-胡萝卜素是最早发现的一个多烯色素。后来，又发现了许多在结构上与胡萝卜素类似的色素，于是就把这类物质叫做胡萝卜色素类化合物，或者叫做类胡萝卜素。这类化合物大都难溶于水，易溶于弱极性或非极性的有机溶剂，因此又把这类物质叫做脂溶性色素。胡萝卜素广泛存在于植物的叶、花、果实中，尤以胡萝卜中含量最高。胡萝卜素有 α、β、γ 三种异构体，在生物体中以 β-异构体含量最多、生理活性最强。β-胡萝卜素的分子式为 $C_{40}H_{56}$，相对分子质量为 536.85，熔点 184℃。β-胡萝卜素难溶于甲醇、乙醇，可溶于乙醚、石油醚、正己烷、丙酮，易溶于氯仿、二硫化碳、苯等有机溶剂，可利用石油醚、乙酸乙酯等弱极性溶剂将它们从植物材料中浸提出来，然后根据它们对吸附剂吸附能力的差异，用柱色谱进行分离，用薄层色谱检测分离效果，并根据它们在可见光区有强烈吸收的性质，用紫外-可见分光光度法进行测定，其最大吸收波长为 451nm。

【仪器及试剂】

101-2A 型恒温干燥箱，722 型分光光度计，比色皿（1cm），电子天平（万分之一）。

新鲜蔬菜，石油醚[BP(60～90℃)]，β-胡萝卜素（A. R.）标准样品，氯仿（A. R.），以上试剂全部为 A. R.。

【操作步骤】

1. 原料预处理

新鲜蔬菜→清洗→切片→烘干→粉碎→分筛→备用。

2. 标准曲线的制备

准确称取 β-胡萝卜素标准样品 12.5mg 于烧杯中，先用少量氯仿溶解，再用石油醚定容到 50mL 容量瓶中，溶液浓度为 250g·mL^{-1}。再将溶液用石油醚稀释成

每毫升含标准 β-胡萝卜素 0.5μg、1.0μg、1.5μg、2.0μg、2.5μg，以石油醚为空白，在波长 451nm 处测定吸收值，绘制 β-胡萝卜素标准曲线。

3. 样品中 β-胡萝卜素含量测定

精密吸取 1.00mL 蔬菜液，用石油醚稀释至 5.0mL，摇匀，以石油醚为空白，在波长 451nm 处测定吸收值，并从标准曲线中求得 β-胡萝卜素含量。连续重复测定 6 次，记录吸收值。

【思考题】

β-胡萝卜素标准溶液为什么要在冰箱中避光保存备用？

【实验记录】

样品编号	β-胡萝卜素标液量 /mL	β-胡萝卜素含量 /μg	ABS		
			1	2	平均
标样 1					
标样 2					
标样 3					
标样 4					
标样 5					
待测液					

【实验总结】

6 分析化学综合设计实验

实验 40 酱油中防腐剂含量的测定

【实验目的】

1. 了解测定酱油中苯甲酸的基本原理。
2. 初步掌握测定酱油中苯甲酸的方法。

【实验原理】

苯甲酸及其钠盐是食品中常用的防腐剂。苯甲酸又称安息香酸，在常温下难溶于水，但溶于热水，易溶于乙醇、氯仿和非挥发性油，在空气中微挥发，有吸湿性。沸点 249℃，100℃ 即开始升华。苯甲酸钠常温下易溶于水，是酸性防腐剂，在碱性介质中无杀菌、抑菌作用；其防腐最佳 pH 是 2.5～4.0，常用于橘子汁和酱油中。本实验采用水蒸气蒸馏法，苯甲酸及其钠盐在酸性溶液中，通过蒸馏蒸出。酱油中含有的对实验有干扰的脂类物质，可通过加入重铬酸钾和硫酸氧化除去，再进行蒸馏分离。纯净的苯甲酸钠在 225nm 处有最大吸收峰，吸光度与浓度的关系符合朗伯-比耳定律。

【仪器及试剂】

紫外分光光度计，蒸馏瓶（100mL），容量瓶，移液管，刻度吸量管，量筒，烧杯，电炉。

无水硫酸钠，磷酸（35％），NaOH 溶液（$1mol \cdot L^{-1}$，$0.1mol \cdot L^{-1}$，$0.01mol \cdot L^{-1}$），重铬酸钾溶液（$0.03mol \cdot L^{-1}$），硫酸（$3mol \cdot L^{-1}$）。

【操作步骤】

1. 苯甲酸标准溶液的配制

称取 0.1000g 苯甲酸（105℃ 干燥），溶于 $0.1mol \cdot L^{-1}$ NaOH 溶液中，转移至 1000mL 容量瓶中，用 $0.01mol \cdot L^{-1}$ NaOH 定容，混匀，其中苯甲酸浓度为 $0.1mg \cdot mL^{-1}$。吸取此液 10mL 于 50mL 容量瓶中，用 $0.01mol \cdot L^{-1}$ NaOH 定容，混匀，其中苯甲酸浓度为 $20\mu g \cdot mL^{-1}$。

2. 样品处理

准确吸取 5.00mL 待测试样，置于 100mL 蒸馏瓶中，加入 1mL 磷酸、10g 无水硫酸钠、40mL 蒸馏水后进行蒸馏，用 100mL 容量瓶（其中盛有 0.1mol·L⁻¹ NaOH 溶液 10mL）进行吸收。至蒸馏液约 45mL，蒸馏瓶中开始暴沸时停止蒸馏，放冷，由蒸馏瓶顶端加蒸馏水 20mL，反复蒸馏 2 次，用 5mL 蒸馏水洗涤冷凝管，洗涤液并入容量瓶中，定容，混匀制成甲液。

准确吸取上述甲液 25mL 于 100mL 蒸馏瓶中，加入 25mL 0.03mol·L⁻¹ 重铬酸钾溶液、6.5mL 3mol·L⁻¹ 硫酸，在沸水浴上准确加热 10min，冷却，加入 1mL 磷酸、10g 无水硫酸钠、20mL 蒸馏水后进行蒸馏，用 100mL 容量瓶（其中盛有 0.1mol·L⁻¹NaOH 溶液 10mL）进行吸收。至蒸馏液约 45mL，在蒸馏瓶中开始暴沸时停止蒸馏并放冷，由蒸馏瓶顶端加水 20mL，再反复蒸馏 2 次，蒸馏完毕，用蒸馏水洗涤冷凝管，洗涤液并入容量瓶中，定容，混匀为乙液。

3. 空白试验

准确吸取 5.00mL 标准溶液置于 100mL 蒸馏瓶中，加 1mol·L⁻¹NaOH 溶液 5mL、10g 无水硫酸钠、40mL 水后进行蒸馏，用 100mL 容量瓶（其中盛有 0.1mol·L⁻¹NaOH 溶液 10mL）进行吸收。至蒸馏液约 45mL，在蒸馏瓶中开始暴沸时停止蒸馏、放冷，由蒸馏瓶顶端加蒸馏水 20mL，重复蒸馏二次，用蒸馏水 5mL 洗涤冷凝管，洗液并入容量瓶中，并稀释至刻度，混匀，为甲液。

按试样处理操作制备乙液。

4. 测定

吸取苯甲酸标准溶液 0.00mL、1.00mL、2.00mL、3.00mL、4.00mL、5.00mL（相当于苯甲酸 0μg、20μg、40μg、60μg、80μg、100μg），分别置于 50mL 容量瓶中。用 0.01mol·L⁻¹NaOH 溶液定容至刻度，混匀，用 1cm 比色皿在 225nm 波长处测吸光度，绘制标准曲线。

分别吸取"试样处理"和"空白试验"项的乙液各 20mL 于 50mL 容量瓶中，与标准溶液在相同条件下，测定吸光度，并计算出样品中苯甲酸的含量。

【思考题】

1. 样品处理中，加入重铬酸钾和硫酸的目的是什么？

2. 除了分光光度法，还可以用什么方法来测定酱油中的防腐剂？

实验 41　三草酸合铁酸钾的制备、组成分析及性质实验

【实验目的】

1. 掌握三草酸合铁（Ⅲ）酸钾制备方法。
2. 了解三草酸合铁（Ⅲ）酸钾的光化学性质。
3. 掌握三草酸合铁（Ⅲ）酸钾化合物中 $C_2O_4^{2-}$ 和 Fe^{3+} 的测定。
4. 掌握测定结晶水含量的方法。

【实验原理】

1. 三草酸合铁（Ⅲ）酸钾的制备

三草酸合铁（Ⅲ）酸钾是翠绿色单斜晶体，易溶于水而难溶于乙醇。它是制备负载型活性铁催化剂的主要原料，也是一种很好的有机反应催化剂，因而有工业生产价值。本实验用硫酸亚铁铵和草酸为原料合成草酸亚铁后，在 $K_2C_2O_4$ 存在下，用 H_2O_2 将草酸亚铁氧化成 $K_3[Fe(C_2O_4)_3]$。同时生成的 $Fe(OH)_3$ 可用适量草酸溶液使其转化为配合物。加入乙醇后，可析出 $K_3[Fe(C_2O_4)_3] \cdot 3H_2O$ 晶体。

$$6FeC_2O_4 \cdot 2H_2O + 3H_2O_2 + 6K_2C_2O_4 =\!=\!= 4K_3[Fe(C_2O_4)_3] + 2Fe(OH)_3\downarrow + 12H_2O$$

$$2Fe(OH)_3 + 3H_2C_2O_4 + 3K_2C_2O_4 =\!=\!= 2K_3[Fe(C_2O_4)_3] + 6H_2O$$

总的反应式为：

$$2FeC_2O_4 \cdot 2H_2O + H_2O_2 + 3K_2C_2O_4 + H_2C_2O_4 =\!=\!= 2K_3[Fe(C_2O_4)_3] + 6H_2O$$

该配合物是光敏物质，在日光直照或强光下分解成草酸亚铁，遇六氰合铁（Ⅲ）化钾生成腾氏蓝，因此在实验室中可用三草酸合铁（Ⅲ）酸钾作为感光物质涂在纸上，进行感光实验。有关反应为：

$$2K_3[Fe(C_2O_4)_3] \xrightarrow{\text{光照}} 2FeC_2O_4 + 3K_2C_2O_4 + 2CO_2$$

$$FeC_2O_4 + K_3[Fe(CN)_6] =\!=\!= KFe[Fe(CN)_6] + K_2C_2O_4$$

2. 产品的组成分析

$C_2O_4^{2-}$ 的测定：试样用稀硫酸溶解后，用 $KMnO_4$ 标准溶液滴定试样中 $C_2O_4^{2-}$，此时铁以 Fe^{3+} 形式存在于溶液中，并不干扰测定。通过消耗 $KMnO_4$ 标准溶液的体积及浓度计算 $C_2O_4^{2-}$ 的含量。

$$5C_2O_4^{2-} + 2MnO_4^- + 16H^+ =\!=\!= 2Mn^{2+} + 10CO_2\uparrow + 8H_2O$$

Fe^{3+} 的测定：用过量锌粉还原 Fe^{3+} 为 Fe^{2+}，过滤除去过量的锌粉，再用高锰酸钾标准溶液滴定 Fe^{2+}。通过消耗高锰酸钾标准溶液的体积及浓度计算 Fe^{3+} 的含量，并通过试样中 Fe^{3+} 和 $C_2O_4^{2-}$ 的含量确定化合物中 Fe^{3+} 和 $C_2O_4^{2-}$ 之比。

$$Zn + 2Fe^{3+} = 2Fe^{2+} + Zn^{2+}$$

$$5Fe^{2+} + MnO_4^- + 8H^+ = Mn^{2+} + 5Fe^{3+} + 4H_2O$$

结晶水含量测定：准确称取一定质量的 $K_3[Fe(C_2O_4)_3] \cdot 3H_2O$ 晶体，放入已恒重的称量瓶中，在 383K 下干燥 1h，置于干燥器中冷却至室温，称量。重复上述操作直到恒重，由此可计算出每摩尔配合物中所含结晶水 n。

$$n = \frac{437\Delta m}{18m}$$

钾含量的测定：根据配合物中铁、草酸根和结晶水的含量可计算出钾的含量。

$$K^+ : C_2O_4^{2-} : H_2O : Fe^{3+} = \frac{m(K^+)}{39.1} : \frac{m(C_2O_4^{2-})}{88.0} : \frac{m(H_2O)}{18.0} : \frac{m(Fe^{3+})}{55.8}$$

【仪器及试剂】

电子天平，台秤，水浴锅，布氏漏斗，抽滤瓶，滤纸，烘箱，表面皿，称量瓶，容量瓶（250mL），锥形瓶，酸式滴定管（50mL），电炉，烧杯，量筒，滴管，毛笔，白纸，干燥器。

$(NH_4)_2Fe(SO_4)_2 \cdot 6H_2O$ (A.R.)，$H_2C_2O_4 \cdot 2H_2O$ (A.R.)，$K_2C_2O_4 \cdot H_2O$ (A.R.)，H_2O_2 (6%)，草酸溶液（$0.5mol \cdot L^{-1}$），无水乙醇（A.R.），$KMnO_4$ 标准溶液（$0.02mol \cdot L^{-1}$），硫酸（$3mol \cdot L^{-1}$，$0.5mol \cdot L^{-1}$），锌粉（A.R.），$K_3[Fe(CN)_6]$ 固体。

【操作步骤】

1. 制备三草酸合铁（Ⅲ）酸钾

称取 5.0g $(NH_4)_2 \cdot FeSO_4 \cdot 6H_2O$，用约 25mL 蒸馏水溶解，加入数滴 $3mol \cdot L^{-1}$ 的 H_2SO_4 以防止其水解。另称取 1.7g $H_2C_2O_4 \cdot 2H_2O$ 溶解于约 20mL 蒸馏水中，将两溶液徐徐混合后，加热至沸，同时，不断搅拌以免暴沸。维持微沸 4min 后停止加热。取少量清液于试管中，煮沸，若还有沉淀产生，则需继续加热以保证反应完全。证实反应完全后，静置溶液，使 $FeC_2O_4 \cdot 2H_2O$ 充分沉降，用倾泻法弃去上层清液，用热的蒸馏水少量多次将 $H_2C_2O_4 \cdot 2H_2O$ 洗净，洗净标志是在洗涤液中检测不到 SO_4^{2-}（需要消除 $C_2O_4^{2-}$ 的干扰，有何方法？）。

称取 3.5g $K_2C_2O_4 \cdot H_2O$，用 10mL 蒸馏水溶解（可微热之），然后将 $K_2C_2O_4$ 溶液加入到已洗净的 $FeC_2O_4 \cdot 2H_2O$ 中，将烧杯置于 40℃ 左右的水浴中，用滴管慢慢加入 8mL 6% H_2O_2 溶液，同时充分搅拌，则有 $K_3[Fe(C_2O_4)_3]$ 生成，同时还生成 $Fe(OH)_3$ 沉淀。滴加 H_2O_2 完毕，取 1 滴所得悬浊液于点滴板上，加 1 滴 $K_3[Fe(CN)_6]$ 溶液，如果出现蓝色，则说明溶液中尚有 Fe^{2+}，需继续滴加 H_2O_2 至检验不到 Fe^{2+}。待 Fe^{2+} 反应完全后，将溶液加热至沸（同时充分搅拌），一次性加入 6mL $0.5mol \cdot L^{-1}$ 草酸溶液，在保持微沸的情况下，继续滴加草酸溶液，至溶液变为透明的绿色。记录所用草酸溶液的用量。

往所得透明的绿色溶液中加入 10mL 95％乙醇，将烧杯盖好，在暗处放置数小时，待大量 $K_3[Fe(C_2O_4)_3]\cdot 3H_2O$ 晶体析出，减压过滤，并用少量乙醇洗晶体一次，用滤纸吸干，称重，计算产率。

2. $K_3[Fe(C_2O_4)_3]$ 的光敏性质

称取 1g $K_3[Fe(C_2O_4)_3]\cdot 3H_2O$ 和 1.3g $K_3[Fe(CN)_6]$，用 10mL 蒸馏水溶解配成溶液，用毛笔蘸此溶液在白纸上写字，字迹经强光照射后，由浅黄变为蓝色。

3. 配合物组成分析

① 称样　用电子天平准确称取一定量(2g 左右)的 $K_3[Fe(C_2O_4)_3]\cdot 3H_2O$ 绿色晶体于烧杯中，加入 25mL 3mol·L^{-1}硫酸使之溶解，再转移至 250mL 容量瓶后定容。

② $C_2O_4^{2-}$ 的测定　移取 25mL 试液于锥形瓶中，加入 10mL 3mol·L^{-1}硫酸，加热至 75～85℃，用 0.02mol·L^{-1} $KMnO_4$ 标准溶液滴定到溶液呈浅粉色，30s 不褪色即为终点。平行测定三次，相对极差应不大于 0.3％。

③ Fe^{3+} 的测定　移取 25mL 试液于锥形瓶中，加入 1g 锌粉、5mL 3mol·L^{-1}硫酸，摇动 8～10min 后，过滤除去过量的锌粉，滤液用另一个锥形瓶承接。用约 20mL 0.5mol·L^{-1}硫酸溶液洗涤原锥形瓶和沉淀，然后用 0.02mol·L^{-1} $KMnO_4$ 标准溶液滴定到溶液呈浅粉色，30s 不褪色即为终点。平行测定三次，相对极差应不大于 0.3％。

④ 结晶水含量的测定　准确称取 2 份产物 0.5～0.6g，放入已恒重的 2 个称量瓶中，在 383K 下干燥 1h，置于干燥器中冷却至室温，称量。重复上述干燥—冷却—称量等操作，直到恒重。根据称量结果的差值，计算每摩尔配合物中所含结晶水。

【思考题】

1. 本实验测定 Fe^{3+} 和 $C_2O_4^{2-}$ 的原理是什么？

2. 除本实验方法外，还可用什么方法测出两种组分的含量？

3. 影响三草酸合铁(Ⅲ)酸钾产量的主要因素有哪些？

4. 三草酸合铁(Ⅲ)酸钾见光易分解，应如何保存？

5. 在这个实验中，最后一步能否用蒸干溶液的办法来提高产率？为什么？

6. 在最后的溶液中加入乙醇的作用是什么？

实验42 基于离子液体的分散液-液微萃取技术在自来水农药残留分析中的应用

【实验目的】

1. 了解离子液体的基本性质、特点和重要应用前景。
2. 掌握液-液微萃取用于农药残留分析的基本原理和操作。
3. 熟悉高效液相色谱仪的使用。

【实验原理】

随着农业生产的发展，农药在作物病虫害综合治理中的应用大大地提高了农作物的产量，但随着农药的大量和不合理的使用，对环境造成的污染已经引起了全世界人们的关注。目前农药残留问题已成为制约农产品安全的首要因素之一。

农药的残留量检测属于痕量分析，通常需要采用高灵敏度的检测仪器才能实现。农药品种多，化学结构和性质各异，待测组分复杂，有时还要检测其有毒代谢物、降解物、转化物等。尤其是近几年，高效农药品种不断出现，残留在农产品和环境中的量很低，国际上对农药最高残留限量的要求也越来越严格，给农药残留检测技术提出了更高的要求。分析仪器的不断发展提高了样品分析的速度和灵敏度，但大部分分析仪器都无法直接测定样品基体中的待测物。这些待测物大都需要经过一系列的分离、净化、富集，转化成适合仪器分析的形态方可测定。

样品前处理过程在农药残留分析过程中占有重要的地位。传统的样品前处理技术，如液-液萃取、沉淀和过滤等，存在操作烦琐耗时、需要使用大量对人体和环境有毒或有害的有机溶剂、劳动强度大、时间周期长、难以实现自动化等缺点。目前农药残留分析的前处理技术向着微量化、自动化、无毒化、快速化和低成本方向发展，尽可能地避免样品因转移而损失，减少各种人为因素的偶然误差，为先进的分析方法和现代的测试仪器与技术提供可靠的分析样品。发展省时高效、有机溶剂用量少的样品前处理新技术，已成为农药残留分析研究的热点领域之一。

液-液萃取是最为常用的样品前处理技术。尽管这种萃取方法因其重复性高、选择性好、样品处理量大而普遍使用，但操作步骤烦琐、处理时间长、难以实现自动化，无法适应现代仪器分析速度快、灵敏度高的要求。而且液-液萃取过程中使用大量有机溶剂并易产生乳化现象，严重制约了液-液萃取方法的发展和应用。为了实现样品前处理的自动化、在线检测以及尽量减少有机溶剂的使用，近年来发展了多种微萃取技术，液相微萃取（liquid phase micro-extraction，LPME）技术是最近几年才提出的一种萃取方法。该技术是在传统的液-液萃取（liquid-liquid extraction，LLE）的基础上发展起来的。与液-液萃取相比，LPME 可以提供与之相媲美的灵敏度，甚至更佳的富集效果，同时，LPME 技术集采样、萃取和浓缩于一体，灵敏度高，操作简单，仅需要简单的仪器设备就可以完成。随着 LPME 技术的不断发展与改进，这种新型的萃取方法已成为现代仪器分析领域中一种非常重要的样品前处理技术，在生物样品、食品，废水检测，环境分析和药物分析中有广泛的应用和研究。

分散液-液微萃取（dispersive liquid-liquid micro-extraction，DLLME）是 2006 年由 Assadi 等提出的一种新型少溶剂的样品前处理技术，它是目前液相微萃取技术中的一个重要方法。该方法利用注射器将微量的萃取溶剂（如氯仿、四氯化碳等）和分散剂（如丙酮、乙腈等）快速地加到一定量水样中，在水样中形成了一种雾状溶液，这时萃取溶剂以极小的液滴形式分散到了水中。小液滴的形成，极大地提高了萃取溶剂和样本的接触面积，从而提高了萃取效率，缩短了萃取时间，只用几十秒钟的时间就可以达到萃取平衡。萃取结束后，通过离心的方式可以将小液滴离心到离心管的底端（图 6-1）。

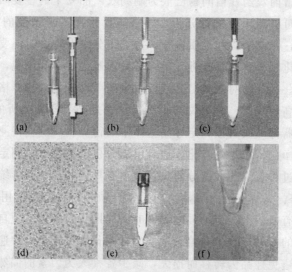

图 6-1　DLLME 的示意图
（a）加入分散剂和之前的状态；（b）开始加入分散剂和萃取溶剂；
（c）分散剂和萃取溶剂加入完毕；（d）1000 倍的光学显微镜下的图片；
（e）离心后的状态；（f）沉淀相放大图

该方法最大的特点是操作简单，富集倍数高，同时该方法极大地提高了微萃取的绝对回收率。该方法集分离和富集于一体，操作简便快速，避免了常规液-液萃取过程中大量有机溶剂的使用，是一项环境友好的样品前处理新技术，适应了当前绿色化学发展的需要；同时很好地消除了萃取过程中待分析物携带的干扰成分。该方法特别适合于环境样品中痕量、超痕量污染物的测定，是目前微量样品前处理技术研究的热点之一。

值得注意的是，液相微萃取技术虽然有诸多的优点，但仍然存在很多局限性，特别是存在传统有机溶剂易挥发、测定灵敏度较低、萃取效率和方法的重复性较差等缺点。考虑到离子液体特殊的溶解性能以及它的性质可以通过改变其分子的结构进行调节的特点，可以将其作为一种特殊的绿色溶剂来取代液相微萃取技术中使用的传统有机溶剂，研究基于离子液体的液相微萃取技术有着重要的研究价值和良好的应用前景。

离子液体是近年来发展起来的绿色溶剂，本身具有无毒、低挥发、黏度大等优点，已广泛用于萃取、色谱等分析领域中。离子液体一般是由特定的体积相对较大的、结构不对称的有机阳离子与无机或有机阴离子构成的，在室温或近室温下呈液态的物质。离子液体具有如下主要特点：①液体状态温度范围广；②蒸气压小、不易挥发、不可燃、毒性小；③对有机物和无机物都有良好的溶解性；④导电性能好，具有较宽的电化学窗口。其特殊的结构及理化性质使离子液体在有机合成、催化、电化学及分析化学等方面都有极广泛的研究。

将离子液体用作 DLLME 技术的萃取溶剂，能够充分发挥离子液体作为新型、可设计绿色溶剂及液相微萃取作为新型前处理技术的优势，为有机污染物的分析提供可靠、高效的前处理方法。特别是在农药残留分析中，农药分子种类繁多，分子性质各异，可以充分发挥离子液体可设计性、不易挥发性、种类繁多的特点，将其应用于环境有机污染物质的分离分析时，可以有效地克服传统有机溶剂挥发性强、毒性大、对环境危害严重等问题，实现整个过程的绿色化、环境友好化。

杀虫畏（图 6-2）是一种新型有机磷杀虫剂，化学名称是(顺)-2-氯-1-(2,4,5-三氯苯基)乙烯基二甲基磷酸酯，是一种叶面杀虫剂，对鳞翅目害虫的成虫及幼虫特别有效，广泛用于水果、蔬菜、玉米、水稻、棉花及饲料作物，也可用于粮食与纺织品保存和林业上，在农

图 6-2 杀虫畏结构图

业生产中得到广泛应用。杀虫畏可通过多种途径进入土壤系统和水系统，会在水、土壤和生物体内残留。当杀虫畏进入水系统时，会对水生生物造成威胁，对环境造成不良后果。因此，用合适的方法对水中杀虫畏的残留含量进行分析，对环境保护具有重要意义。

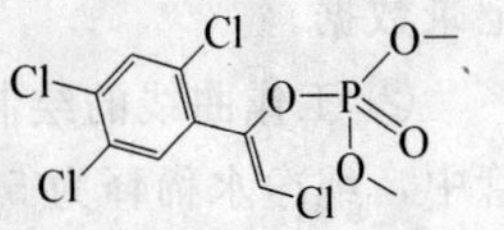

本实验采用原位分散液-液微萃取方法，将水溶性离子液体溶于水中形成均一体系，加入双三氟甲烷磺酰亚胺锂，与水溶性离子液体进行复分解反应，生成非水溶性离子液体，以极微小的液滴形式从水相中析出。由于在液滴形成时表面积极大，因此能实现对杀虫畏残留的高效萃取。在离心作用下，由于密度较大，离子液体微小液滴聚集，与水形成两相体系。通过简单的分液，即可获得富集杀虫畏的离子液体相，进而可以直接进行色谱分析。实验建立了一种快速、可靠、环境友好的

样品前处理方法，利用高效液相色谱对水样中的杀虫畏残留进行了分析。

高效液相色谱法原理参见第 3 章 3.4.1 内容。本实验采用反相高效液相色谱法（RP-HPLC），使用商品化的色谱柱 C_{18} 柱，采用甲醇和水的混合溶液为流动相，实现了杀虫畏的残留分析。

【仪器及试剂】

1200 高效液相色谱仪，VWD 检测器（美国 Agilent 公司）；Mettler-Toledo AL104 电子天平；离心机。

色谱柱：Agilent Eclipse Plus C_{18} 柱（$5\mu m$，$4.6mm \times 250mm$）；流动相为甲醇：水 $= 77 : 23$（体积比）；流速 $1mL \cdot min^{-1}$；进样量 $10\mu L$；检测波长 240nm。

杀虫畏，1-辛基-3-甲基咪唑氯盐（$[C_6 MIM]Cl$），双三氟甲烷磺酰亚胺锂（$LiNTf_2$），甲醇（色谱纯），乙腈（色谱纯），氯化钠（A.R.）。

【操作步骤】

1. 溶液配制

用甲醇配制浓度为 $2mg \cdot mL^{-1}$ 的杀虫畏标准储备溶液，避光保存于冰箱里。

用甲醇稀释标准储备液配制 $100mg \cdot L^{-1}$ 和 $200\mu g \cdot L^{-1}$ 标准溶液。

配制浓度为 $0.03g \cdot mL^{-1}$ 的 $LiNTf_2$ 溶液。

2. 绘制工作曲线

① 标准曲线的绘制：将已配好的 $100mg \cdot L^{-1}$ 杀虫畏标准移取适量至离心管中，用甲醇稀释为 $1mg \cdot L^{-1}$、$5mg \cdot L^{-1}$、$10mg \cdot L^{-1}$、$20mg \cdot L^{-1}$、$50mg \cdot L^{-1}$、$100mg \cdot L^{-1}$ 的系列杀虫畏标准溶液各 8mL，分别取 $10\mu L$ 进行 HPLC 分析，记录数据。

② 工作曲线的绘制：取适量已配好的 $200\mu g \cdot L^{-1}$ 的杀虫畏标准溶液移至离心管中，纯净水稀释为 $5\mu g \cdot L^{-1}$、$10\mu g \cdot L^{-1}$、$20\mu g \cdot L^{-1}$、$50\mu g \cdot L^{-1}$、$100\mu g \cdot L^{-1}$、$200\mu g \cdot L^{-1}$ 的一系列杀虫畏标准工作溶液 8mL，加入到盛有 0.027g $[C_6 MIM]$ Cl 离子液体的锥形管中，待离子液体完全溶解后，加入 $1280\mu L$ 的 $LiNTf_2$ 溶液，可观察到体系中产生雾状溶液。摇动锥形管 30s，以 $3500r \cdot min^{-1}$ 转速离心 10min，取出锥形管可观察到溶液分为两层，上层为水相，下层为离子液体相。用注射器小心吸出上部水层，锥形管底部大约剩余 $25\mu L$ 离子液体，取 $10\mu L$ 直接进样进行 HPLC 分析（见图 6-3）。

3. 准备样品

自来水样的准备：所取自来水样需经 $0.45\mu m$ 滤膜过滤后使用。

加标水样的准备：取适量自来水样配成浓度为 $20\mu g \cdot L^{-1}$ 的工作溶液，避光冷藏备用。

4. 样品萃取过程

取 0.027g$[C_6 MIM]$Cl 离子液体于玻璃锥形管中，加入 8mL 水样，摇晃锥形

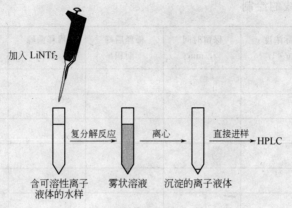

图 6-3　原位分散液-液微萃取过程

管直至离子液体完全溶于水中，加入 $1280\mu L$ 的 $LiNTf_2$ 溶液后体系产生雾状溶液。摇晃锥形管 30s 后，以 $3500r\cdot min^{-1}$ 转速离心 10min，用注射器小心吸出上部水层，锥形管底部大约有 $25\mu L$ 离子液体，取 $10\mu L$ 进行 HPLC 分析。重复两次。

5. 回收率

用加标水样代替水样，重复上述萃取过程，重复两次。获得的数据进行整理后进行相对标准偏差（RSD）计算。

【思考题】

1. 分散液-液微萃取技术有哪些优点？

2. 离子液体有哪些特点？

3. 简要概括原位分散液-液微萃取的过程。

【实验记录】

1. 标准曲线的绘制

（1）标准溶液液相色谱图

（2）标准曲线绘制

预配浓度 $c/mg\cdot L^{-1}$	实际浓度浓度 $c/mg\cdot L^{-1}$	保留时间 t_R/min	峰面积
1			
5			
10			
20			
50			
100			

2. 工作曲线的绘制

（1）标准溶液液相色谱图

（2）工作曲线的绘制

预配浓度 c_1 /μg·L^{-1}	实际浓度 c /μg·L^{-1}	保留时间 t_r/min	稀释后峰 面积	稀释前峰 面积	离子液体体积 V_{sed} /μL
5.00					
10.0					
20.0					
50.0					
100					
200					

3. 实际样品的液相色谱图

（1）自来水

（2）加标自来水

【方法评价】

1. 精密度（RSD）的计算

$$RSD = \frac{s}{\bar{x}}$$

式中，RSD 为相对标准偏差；s 为标准偏差；$\bar{x}$ 为平均值。

2. 富集倍数及回收率的计算

$$EF = \frac{c_{sed}}{c_1}$$

$$R = \frac{c_{sed} V_{sed}}{c_1 V_1} \times 100\% = EF \times \frac{V_{sed}}{V_1} \times 100\%$$

式中，EF 为富集倍数；R 为回收率；c_{sed} 为离子液体中杀虫畏浓度；c_1 为水样中杀虫畏浓度；V_{sed} 为离心后离子液体体积；V_1 为水样体积。

浓度 c_1/μg·L^{-1}	浓度 c_{sed}/mg·L^{-1}	富集倍数 EF	回收率 R/%
5.00			
10.0			
20.0			
50.0			
100			
200			

3. 样品检出情况

项　目	标号	峰面积	浓度 c_{sed}/mg·L^{-1}	添加回收率 R'/%
自来水	1			
	2			
自来水中含 20μg·L^{-1}杀虫畏	1			
	2			

4. 方法评价

农药名称	线性范围 /μg·L^{-1}	线性 工作曲线	R^2	LODs /μg·L^{-1}	精密度/%	富集倍数	回收率/%
杀虫畏							

【实验总结】

157

实验 43 高效毛细管电泳分离核苷酸

【实验目的】

1. 理解毛细管电泳的基本原理。
2. 了解毛细管电泳仪的结构。
3. 熟悉毛细管电泳仪的操作。
4. 了解影响毛细管电泳分离的主要操作参数。

【实验原理】

毛细管电泳（CE）原理参见第 3 章 3.5.1 内容。毛细管电泳由于其高效分离、快速分析、微量进样、灵敏度高和低成本的特点，已经成为各个领域分析的重要手段。

核苷酸是核酸的基本结构单位，由核苷和磷酸组成，是 DNA 和 RNA 的起始物和断裂产物（组成 DNA 的核苷酸是脱氧核糖核苷酸，组成 RNA 的核苷酸是核糖核苷酸）。作为一类非常重要的生物物质，核苷酸几乎参与细胞的所有生化过程，其含量高低与癌症以及一些遗传疾病有关，一些核苷酸的类似物是治疗艾滋病、癌症的有效药物。

由于核苷酸在生命活动中的重要作用，人们对核苷酸的分离、测定等产生了极大的兴趣，核苷酸的分析广泛应用于生物化学、药学、农业等领域中。在核苷酸的分离测定方法中，高效液相色谱（HPLC）和高效毛细管电泳（HPCE）使用较为广泛。其中，HPCE 由于其高效、快速、进样量小等特点，越来越受到人们的重视。

【仪器及试剂】

CAPEL-105 型高效毛细管电泳仪（俄罗斯刘梅克斯公司）；石英毛细管柱：$50\mu m$ i. d.，$375\mu m$ o. d.，总长度 60cm，有效长度 40cm（河北省永年锐洋色谱器件有限公司）；pHS-3C 型酸度计（上海雷磁仪器厂），烧杯，玻璃棒，容量瓶，带刻度的试管，滴管。

核苷酸标准样品（生物试剂）：肌苷酸（IMP），鸟苷酸（GMP），腺苷酸（AMP），胞苷酸（CMP），尿苷酸（UMP）。

NaOH（$0.1mol \cdot L^{-1}$，$1.0mol \cdot L^{-1}$），盐酸，二次蒸馏水，Na_2CO_3-$NaHCO_3$ 缓冲溶液（$20mmol \cdot L^{-1}$，缓冲溶液用 $1.0mol \cdot L^{-1}$ NaOH、HCl 调节至所需 pH）。

【操作步骤】

1. 溶液配制

核苷酸混合标准溶液：五种核苷酸浓度均为 200×10^{-6}，用缓冲溶液配制，微孔滤膜过滤，储存在冰箱中备用。

2. 仪器操作

毛细管电泳工作条件：检测波长 254nm；进样时间 10s；室温。采用自动进样。仪器使用及程序编辑等请参看仪器操作说明书。

毛细管冲洗：实验前先用 $0.1mol\cdot L^{-1}$ NaOH 冲洗毛细管 5min，再依次用二次蒸馏水和缓冲溶液冲洗 2min。每两次运行之间依次用 $0.1mol\cdot L^{-1}$ NaOH、H_2O、缓冲溶液冲洗 2min。

谱峰定性：当混合标准溶液各组分达到基线分离时，分别提高各单组分物质的浓度，根据其峰高的相应变化对谱峰进行定性。

3. pH 对分离的影响

调节 $20mmol\cdot L^{-1}$ Na_2CO_3-$NaHCO_3$ 缓冲溶液 pH，在 8.5～10.0 之间每隔0.5 个 pH 单位，考察对化合物迁移时间的影响，选择混合核苷酸分离最佳的 pH。

4. 分离电压对分离的影响

在最佳 pH 条件下，考察分离电压对混合核苷酸分离的影响。在 14～20kV内，电压每隔 2kV，考察对化合物迁移时间的影响，选择混合核苷酸分离最佳的分离电压。

5. 在优化条件下分离核苷酸

在上述最佳 pH 和最佳分离电压的优化条件下，分离混合核苷酸，获得最佳分离效果。

【注意事项】

1. 进行毛细管冲洗时禁止在毛细管上加分离电压。

2. 毛细管的冲洗是影响实验结果可靠性和重现行的重要因素，一定要认真完成。

3. 为了防止毛细管堵塞，实验完成后必须要用水淋洗毛细管，最后完成者还要用空气吹干毛细管。

【思考题】

1. 毛细管电泳的分离原理是什么？

2. 为什么核苷酸的分离效果会与溶液的 pH 有关？

3. 分离电压是如何影响分离效果的？

实验 44 硫磷混酸中组分含量的测定

【实验目的】

1. 掌握强酸与多元弱酸混合时，测定各组分含量的原理。
2. 学会确定溶液的 pH，选择合理的指示剂。
3. 学会对分析结果进行讨论，探讨不同实验方案间结果的差异。

【实验设计背景知识】

目前，湿法磷酸工艺处于磷酸生产的主导地位。湿法生产是用无机酸分解磷矿粉，分离出粗磷酸，再经净化后制得磷酸产品。湿法磷酸工艺按其所用无机酸的不同可分为硫酸法、硝酸法、盐酸法等。目前主要采用硫酸湿法磷酸工艺。产品中往往含有少量的硫酸。同样在精制低砷黄磷过程中，还会产生硫酸、磷酸、硝酸的混合酸溶液。在钢铁电镀抛光液中也含有硫酸和磷酸。因此，准确确定混酸中各组分的含量，对选择用何种方法处理混酸中的杂质非常重要。

另外，硫磷混酸常用于分解矿样，例如采用硫磷混酸直接分解浮选尾矿制备磷镁肥，采用硫磷混酸分解磷矿粉制高浓度富过磷酸钙，不锈钢样品的分解等。硫磷混酸还常用于调节反应体系酸度等。混酸中硫酸和磷酸的含量会影响矿样的分解及酸度的调节，因此也需要测定出混酸中各组分的含量。

目前，测定硫磷混酸含量常用的是酸碱滴定法，对于硫酸含量低的样品也可用重量分析法进行分析。

【实验要求】

首先查阅相关文献，根据实验室现有条件，自拟实验研究方案（包括实验原理、实验仪器与试剂、实验步骤、数据处理），实验方案经审核合格后方可进行实验。

【思考题】

1. 在重铬酸钾测铁中，硫磷混酸起到的作用是什么？
2. 酸碱滴定法测定硫磷混酸法中，理论上可以选择的常用酸碱指示剂有哪些？

实验 45　气相色谱法测定伤痛平膏中水杨酸甲酯

【实验目的】

1. 学习气相色谱分析方法的建立过程。
2. 掌握气相色谱仪的结构、原理和使用方法。
3. 了解气相色谱仪中检测器的分类以及各种检测器的使用范围。
4. 掌握气相色谱分析结果的处理方法。

【实验原理】

1. 伤痛平膏成分

伤痛平膏是由辣椒流浸膏、水杨酸甲酯、薄荷脑及透骨草、延胡索等中药提取物组成的复方制剂，具有活血散瘀，止痛解痉作用。用于急、慢性扭挫伤，软组织劳损，风湿性关节痛等症状。水杨酸甲酯、薄荷脑、辣椒素作为方中主要成分，均具有挥发性，文献中对该三种成分的含量测定多采用气相色谱法。

2. 色谱基本原理

当气化的组分与气相和固定涂层相共存时，根据组分对两相相对吸附性能的不同而在两相间进行分配。此吸附性能可以是溶解度、挥发性、极性、特殊的化学相互作用或其他任何存在于样品组分间的性质差异。如果一相是固定的涂层，而另一相是流动的，载气组分将会以比流动相慢的速度迁移，迁移速度慢的程度取决于相互作用的大小；如果不同组分有不同的吸附性能，它们将会随时间而被分离。

3. 色谱柱类型

毛细管柱是将固定相涂在管内壁的开口管，其中没有填充物，毛细管柱的内径从 0.1mm 到 0.5mm，典型的柱长是 30m。

在填充柱内，固定液被涂在粒度均匀的载体颗粒上，以增大表面积，减少涂层厚度。涂好的填料被填充在金属玻璃或塑料管内。载气流速如表 6-1 所示。

表 6-1　载气流速　　　　　　　　　　　　mL·min^{-1}

类型	直径	氢气	氦气	氮气
填充柱	1/8in①	30	30	20
填充柱	1/4in	60	60	50
毛细管柱	0.05mm	0.2～0.5	0.1～0.3	0.02～0.1
毛细管柱	0.1mm	0.3～1	0.2～0.5	0.05～0.2
毛细管柱	0.2mm	0.7～1.7	0.5～1.2	0.2～0.5
毛细管柱	0.25mm	1.2～2.5	0.7～1.7	0.3～0.6
毛细管柱	0.32mm	2～4	1.2～2.5	0.4～1.0
毛细管柱	0.53mm	5～10	3～7	1.3～2.6

① 1in＝0.0254m。

【实验要求】

自拟气相色谱分析水杨酸甲酯的实验方案，将实验目的、原理、主要仪器及试剂、实验步骤、注意事项、误差来源及消除、结果处理、参考文献等项书写成文，交给指导教师审阅，经审核合格后进行实验。

【思考题】

1. 气相色谱相与液相色谱相比，有何优缺点？

2. 浓度型检测器和质量型检测器在处理数据时的区别？

3. 气相色谱仪的进样方式有哪几种？各有什么特点？

4. 什么是"鬼峰"，什么原因可能导致出现"鬼峰"？

实验 46 设 计 实 验

【实验目的】

1. 培养和训练学生对理论知识的灵活掌握和运用。
2. 检查学生在理论课程和实验课程的学习效果。
3. 培养学生对解决实际问题过程中的综合实践能力。

【实验内容】

1. HCl-NH_4Cl 混合溶液中两组分浓度的测定

上述实验是解决强酸和弱酸混合物的组分含量测定的问题，试根据酸碱滴定的基本原理设计合理的分析方案，选择合适的实验方法。

2. 大豆中钙镁含量的测定

大豆作为重要的粮食作物，其中含有多种营养成分，如氨基酸、蛋白质和多种微量元素。其中，钙、镁元素是人体所必需的。试设计合理的分析方案，测定大豆中钙、镁离子的含量。

3. 油条中铝含量的测定

油条是常见的食品，依据传统方法，在其加工过程中会使用明矾等添加剂，已经证实明矾中的铝元素会对人体的神经系统造成损伤。对于少年儿童来讲，摄入过多的铝甚至会使神经系统发育迟滞。请设计合理的分析方案和实验步骤以测定油条中铝的含量。

4. 尿素含氮量的测定

尿素是重要的氮肥种类，试设计实验测定尿素样品中氮的含量。

5. 室内空气中挥发性有机物的测定

世界卫生组织（WHO）对总挥发性有机化合物（volatile organic compounds，VOC）的定义（1989）为：熔点低于室温而沸点在 $50\sim260℃$ 之间的挥发性有机化合物的总称。较常见的有：三氯乙烯、四氯乙烯、甲醛、甲苯、苯、二甲苯等，此外，还有乙醇类和酮类等多个种类。当居室中的 VOC 超过一定浓度时，在短时间内人们会感到头痛、恶心、呕吐、四肢乏力。VOC 的分析方法主要是先吸附富集，再通过热脱附气谱-质谱分析。选择合适的分析测试方法，设计合理的实验步骤，对室内空气中总的挥发性有机物进行分析测试。

6. 游泳池水中余氯的测定

次氯酸或次氯酸钠是饮用水和泳池水处理过程中最常用的消毒试剂。为控制泳池水中细菌的指标，泳池水中要保持有一定量的氯浓度。余氯包括游离氯（free chlorine）和结合氯（combined chlorine）两大类。通常泳池中只有游离氯可以起到杀菌作用（浓度应在 $1mg \cdot L^{-1}$）。结合氯多为有机氯胺，是产生消毒副产物的前躯体。常用的监测余氯的方法有 DPD/FAS 滴定法和 DPD 比色法。根据实验室现有条件选用合适的方法，设计取样、测定泳池水中的余氯的含量。

7. 鸡蛋壳中主要成分定量分析

鸡蛋壳中的成分复杂，但是主要成分为 $CaCO_3$、$MgCO_3$ 一些蛋白质、色素、少量铁和铝。对鸡蛋壳中主要成分的分析要注意考虑到其他组分的影响。一般采用配位滴定的方法对其进行分析。设计实验对鸡蛋壳的主要成分进行定量分析，要求对原材料进行合理的处理，选择合适的滴定方法，避免杂质的影响。

附　　录

1　水在不同温度下的饱和蒸气压

温度 $t/℃$	饱和蒸气压 $/×10^3 Pa$	温度 $t/℃$	饱和蒸气压 $/×10^3 Pa$	温度 $t/℃$	饱和蒸气压 $/×10^3 Pa$
0	0.61129	37	6.2795	74	36.978
2	0.70605	38	6.6298	76	40.205
4	0.81359	39	6.9969	78	43.665
6	0.93537	40	7.3814	80	47.373
8	1.0730	41	7.7840	82	51.342
10	1.2281	42	8.2054	84	55.585
12	1.4027	43	8.6463	86	60.119
14	1.5988	44	9.1075	88	64.958
15	1.7056	45	9.5898	90	70.117
16	1.8185	46	10.094	91	72.823
17	1.9380	47	10.620	92	75.614
18	2.0644	48	11.171	93	78.494
19	2.1978	49	11.745	94	81.465
20	2.3388	50	12.344	95	84.529
21	2.4877	51	12.970	96	87.688
22	2.6447	52	13.623	97	90.945
23	2.8104	53	14.303	98	94.301
24	2.9850	54	15.012	99	97.759
25	3.1690	55	15.752	100	101.32
26	3.3629	56	16.522	101	104.99
27	3.5670	57	17.324	102	108.77
28	3.7818	58	18.159	103	112.66
29	4.0078	59	19.028	104	116.67
30	4.2455	60	19.932	105	120.79
31	4.4953	62	21.851	106	125.03
32	4.7578	64	23.925	107	129.39
33	5.0335	66	26.163	108	133.88
34	5.3229	68	28.576	109	138.50
35	5.6267	70	31.176	110	143.24
36	5.9453	72	33.972	115	169.02

2 常用基准物的干燥条件与应用

基 准 物 质	干 燥 条 件	标 定 对 象
$AgNO_3$	280～290℃干燥至恒重	卤化物、硫氰酸盐
As_2O_3	室温干燥器中保存	I_2
$CaCO_3$	110～120℃保持2h,干燥器中冷却	EDTA
$KHC_8H_4O_4$(邻苯二甲酸氢钾)	110～120℃干燥至恒重,干燥器中冷却	NaOH、$HClO_4$
KIO_3	120～140℃保持2h,干燥器中冷却	$Na_2S_2O_3$
$K_2Cr_2O_7$	140～150℃保持3～4h,干燥器中冷却	$FeSO_4$、$Na_2S_2O_3$
NaCl	500～600℃保持50min,干燥器中冷却	$AgNO_3$
$Na_2B_4O_7 \cdot 10H_2O$	含NaCl-蔗糖饱和溶液的干燥器中保存	HCl,H_2SO_4
Na_2CO_3	270～300℃保持50min,干燥器中冷却	HCl,H_2SO_4
$Na_2C_2O_4$(草酸钠)	130℃保持2h,干燥器中冷却	$KMnO_4$
Zn	室温干燥器中保存	EDTA
ZnO	900～1000℃保持50min,干燥器中冷却	EDTA

3 常用缓冲溶液的配制

缓冲溶液组成	p$K_a^{\ominus}$	缓冲液pH	缓冲溶液配制方法
氨基乙酸-HCl	2.35(p$K_a^{\ominus}$)	2.3	氨基乙酸150g溶于500mL水中,加浓盐酸80mL,用水稀释至1L
H_3PO_4-枸橼酸盐		2.5	$Na_2HPO_4 \cdot 12H_2O$ 113g溶于200mL水后,加枸橼酸387g,溶解,过滤后,稀释至1L
一氯乙酸-NaOH	2.86	2.8	200g一氯乙酸溶于200mL水中,加NaOH 40g溶解后,稀释至1L
邻苯二甲酸氢钾-HCl	2.95(p$K_a^{\ominus}$)	2.9	500g邻苯二甲酸氢钾溶于500mL水中,加浓盐酸80mL,稀释至1L
甲酸-NaOH	3.76	3.7	95g甲酸和NaOH 40g于500mL水中,溶解,稀释至1L
NH_4Ac-HAc		4.5	NH_4Ac 77g溶于200mL水中,加冰醋酸59mL,稀释到1L
NaAc-HAc	4.74	4.7	无水NaAc 83g溶于水中,加冰醋酸60mL,稀释至1L
NaAc-HAc	4.74	5.0	无水NaAc 160g溶于水中,加冰醋酸60mL,稀释至1L
NH_4Ac-HAc		5.0	NH_4Ac 250g溶于200mL水中,加冰醋酸25mL,稀释至1L
六亚甲基四胺-HCl	5.15	5.4	六亚甲基四胺40g溶于200mL水中,加浓盐酸10mL,稀释至1L
NH_4Ac-HAc		6.0	NH_4Ac 600g溶于200mL水中,加冰醋酸20mL,稀释到1L
NaAc-磷酸盐		8.0	无水NaAc 50g和$Na_2HPO_4 \cdot 12H_2O$ 50g,溶于水中,稀释至1L
NH_3-NH_4Cl	9.26	9.2	NH_4Cl 54g溶于水中,加浓氨水63mL,稀释到1L
NH_3-NH_4Cl	9.26	9.5	NH_4Cl 54g溶于水中,加浓氨水126mL,稀释到1L
NH_3-NH_4Cl	9.26	10.0	NH_4Cl 54g溶于水中,加浓氨水350mL,稀释到1L

4 市售酸碱试剂的浓度、含量及密度

试剂	浓度/mol·L^{-1}	含量/%	密度/g·mL^{-1}
乙酸	6.2～6.4	36.0～37.0	1.04
冰醋酸	17.4	99.8(G.R.)、99.5(A.R.)、99.0(C.P.)	1.05
氨水	12.9～14.8	25～28	0.88
盐酸	11.7～12.4	36～38	1.18～1.19
氢氟酸	27.4	40.0	1.13
硝酸	14.4～15.2	65～68	1.39～1.40
高氯酸	11.7～12.5	70.0～72.0	1.68
磷酸	14.6	85.0	1.69
硫酸	17.8～18.4	95～98	1.83～1.84

5 常用的指示剂及其配制

（1）酸碱滴定常用指示剂及其配制

指示剂名称	变色pH范围	颜色变化	溶液配制方法
甲基紫（第二变色范围）	1.0～1.5	绿→蓝	0.1%水溶液
甲基紫（第三变色范围）	2.0～3.0	蓝→紫	0.1%水溶液
百里酚蓝（麝香草酚蓝）（第一变色范围）	1.2～2.8	红→黄	0.1g指示剂溶于100mL 20%乙醇中
百里酚蓝（麝香草酚蓝）（第二变色范围）	8.0～9.0	黄→蓝	0.1g指示剂溶于100mL 20%乙醇中
甲基红	4.4～6.2	红→黄	0.1或0.2g指示剂溶于100mL 60%乙醇中
甲基橙	3.1～4.4	红→橙黄	0.1%水溶液
溴甲酚绿	3.8～5.4	黄→蓝	0.1g指示剂溶于100mL 20%乙醇中
溴百里酚蓝	6.0～7.6	黄→蓝	0.05g指示剂溶于100mL 20%乙醇中
酚酞	8.2～10.0	无色→紫红	0.1g指示剂溶于100mL 60%乙醇中
甲基红-溴甲酚绿	5.1	酒红→绿	3份0.1%溴甲酚绿乙醇溶液 2份0.2%甲基红乙醇溶液
中性红-亚甲基蓝	7.0	紫蓝→绿	0.1%中性红、亚甲基蓝乙醇溶液各1份
甲酚红-百里酚蓝	8.3	黄→紫	1份0.1%甲酚红水溶液 3份0.1%百里酚蓝水溶液

（2）沉淀滴定常用指示剂及其配制

指示剂名称	被测离子和滴定条件	终点颜色变化	溶液配制方法
铬酸钾	Cl$^-$、Br$^-$，中性或弱碱性	黄色→砖红色	5%水溶液
铁铵矾（硫酸铁铵）	Br$^-$、I$^-$、SCN$^-$，酸性	无色→红色	8%水溶液
荧光黄	Cl$^-$、I$^-$、SCN$^-$、Br$^-$、中性	黄绿→玫瑰红　黄绿→橙	0.1%乙醇溶液
曙红	Br$^-$、I$^-$、SCN$^-$，pH 1～2	橙→深红	0.1%乙醇溶液 （或0.5%钠盐水溶液）

（3）常用金属指示剂及其配制

指示剂名称	适用 pH 范围	直接滴定的离子	终点颜色变化	配制方法
铬黑 T(EBT)	8～11	Mg^{2+}、Zn^{2+}、Cd^{2+}、Pb^{2+} 等	酒红→蓝	0.1g 铬黑 T 和 10g 氯化钠,研磨均匀
二甲酚橙(XO)	<6.3	Bi^{3+}、Zn^{2+}、Cd^{2+}、Pb^{2+}、Hg^{2+} 及稀土等	紫红→亮黄	0.2%水溶液
钙指示剂	12～12.5	Ca^{2+}	酒红→蓝	0.05g 钙指示剂和 10g 氯化钠,研磨均匀
吡啶偶氮萘酚(PAN)	1.9～12.2	Bi^{3+}、Cu^{2+}、Ni^{2+}、Th^{4+} 等	紫红→黄	0.1%乙醇溶液

6　无机酸在水溶液中的解离常数（25℃）

序号	名称	化学式	$K_a^{\ominus}$	$pK_a^{\ominus}$
1	偏铝酸	$HAlO_2$	6.3×10^{-13}	12.20
2	亚砷酸	H_3AsO_3	6.0×10^{-10}	9.22
3	砷酸	H_3AsO_4	6.3×10^{-3}	2.20
			1.05×10^{-7}	6.98
			3.2×10^{-12}	11.50
4	硼酸	H_3BO_3	5.8×10^{-10}	9.24
			1.8×10^{-13}	12.74
			1.6×10^{-14}	13.80
5	次溴酸	$HBrO$	2.4×10^{-9}	8.62
6	氢氰酸	HCN	6.2×10^{-10}	9.21
7	碳酸	H_2CO_3	4.2×10^{-7}	6.38
			5.6×10^{-11}	10.25
8	次氯酸	$HClO$	3.2×10^{-8}	7.50
9	氢氟酸	HF	6.61×10^{-4}	3.18
10	锗酸	H_2GeO_3	1.7×10^{-9}	8.78
			1.9×10^{-13}	12.72
11	高碘酸	HIO_4	2.8×10^{-2}	1.56
12	亚硝酸	HNO_2	5.1×10^{-4}	3.29
13	次磷酸	H_3PO_2	5.9×10^{-2}	1.23
14	亚磷酸	H_3PO_3	5.0×10^{-2}	1.30
			2.5×10^{-7}	6.60
15	磷酸	H_3PO_4	7.52×10^{-3}	2.12
			6.31×10^{-8}	7.20
			4.4×10^{-13}	12.36

序号	名称	化学式	$K_a^\ominus$	$pK_a^\ominus$
16	氢硫酸	H_2S	1.3×10^{-7}	6.88
			7.1×10^{-15}	14.15
17	亚硫酸	H_2SO_3	1.23×10^{-2}	1.91
			6.6×10^{-8}	7.18
18	硫酸	H_2SO_4	1.0×10^{3}	-3.0
			1.02×10^{-2}	1.99
19	硫代硫酸	$H_2S_2O_3$	2.52×10^{-1}	0.60
			1.9×10^{-2}	1.72
20	氢硒酸	H_2Se	1.3×10^{-4}	3.89
			1.0×10^{-11}	11.0
21	亚硒酸	H_2SeO_3	2.7×10^{-3}	2.57
			2.5×10^{-7}	6.60
22	硒酸	H_2SeO_4	1×10^{3}	-3.0
			1.2×10^{-2}	1.92
23	硅酸	H_2SiO_3	1.7×10^{-10}	9.77
			1.6×10^{-12}	11.80
24	亚碲酸	H_2TeO_3	2.7×10^{-3}	2.57
			1.8×10^{-8}	7.74

7　无机碱在水溶液中的解离常数（25℃）

序号	名称	化学式	$K_b^\ominus$	$pK_b^\ominus$
1	氢氧化铝	$Al(OH)_3$	1.38×10^{-9}	8.86
2	氢氧化银	$AgOH$	1.10×10^{-4}	3.96
3	氢氧化钙	$Ca(OH)_2$	3.72×10^{-3}	2.43
			3.98×10^{-2}	1.40
4	氨水	$NH_3\cdot H_2O$	1.78×10^{-5}	4.75
5	肼(联氨)	$N_2H_4\cdot H_2O$	9.55×10^{-7}	6.02
			1.26×10^{-15}	14.9
6	羟氨	$NH_2OH\cdot H_2O$	9.12×10^{-9}	8.04
7	氢氧化铅	$Pb(OH)_2$	9.55×10^{-4}	3.02
			3.0×10^{-8}	7.52
8	氢氧化锌	$Zn(OH)_2$	9.55×10^{-4}	3.02

8 化合物的溶度积常数（25℃）

化合物	溶度积	化合物	溶度积	化合物	溶度积
醋酸盐		**氢氧化物**		CdS	8.0×10^{-27}
AgAc[②]	1.94×10^{-3}	AgOH[①]	2.0×10^{-8}	CoS(α型)[①]	4.0×10^{-21}
卤化物		Al(OH)$_3$(无定形)[①]	1.3×10^{-33}	CoS(β型)[①]	2.0×10^{-25}
AgBr[①]	5.0×10^{-13}	Be(OH)$_2$(无定形)[①]	1.6×10^{-22}	Cu$_2$S[①]	2.5×10^{-48}
AgCl[①]	1.8×10^{-10}	Ca(OH)$_2$	5.5×10^{-6}	CuS[①]	6.3×10^{-36}
AgI[①]	8.3×10^{-17}	Cd(OH)$_2$	5.27×10^{-15}	FeS[①]	6.3×10^{-18}
BaF$_2$	1.84×10^{-7}	Co(OH)$_2$(粉红色)[①]	1.09×10^{-15}	HgS(黑色)[①]	1.6×10^{-52}
CaF$_2$	5.3×10^{-9}	Co(OH)$_2$(蓝色)[②]	5.92×10^{-15}	HgS(红色)[①]	4×10^{-53}
CuBr	5.3×10^{-9}	Co(OH)$_3$	1.6×10^{-44}	MnS(晶形)[①]	2.5×10^{-13}
CuCl[①]	1.2×10^{-6}	Cr(OH)$_2$[①]	2×10^{-16}	NiS[②]	1.07×10^{-21}
CuI[①]	1.1×10^{-12}	Cr(OH)$_3$[①]	6.3×10^{-31}	PbS[①]	8.0×10^{-28}
Hg$_2$Cl$_2$[①]	1.3×10^{-18}	Cu(OH)$_2$[①]	2.2×10^{-20}	SnS[②]	1×10^{-25}
Hg$_2$I$_2$[①]	4.5×10^{-29}	Fe(OH)$_2$[①]	8.0×10^{-16}	SnS$_2$[②]	2×10^{-27}
HgI$_2$	2.9×10^{-29}	Fe(OH)$_3$[①]	4×10^{-38}	ZnS	2.93×10^{-25}
PbBr$_2$	6.60×10^{-6}	Mg(OH)$_2$[①]	1.8×10^{-11}	**磷酸盐**	
PbCl$_2$[①]	1.6×10^{-5}	Mn(OH)$_2$[①]	1.9×10^{-13}	Ag$_3$PO$_4$[①]	1.4×10^{-16}
PbF$_2$	3.3×10^{-8}	Ni(OH)$_2$(新制备)[①]	2.0×10^{-15}	AlPO$_4$[①]	6.3×10^{-19}
PbI$_2$[①]	7.1×10^{-9}	Pb(OH)$_2$[①]	1.2×10^{-15}	CaHPO$_4$[①]	1×10^{-7}
SrF$_2$	4.33×10^{-9}	Sn(OH)$_2$[①]	1.4×10^{-28}	Ca$_3$(PO$_4$)$_2$[①]	2.0×10^{-29}
碳酸盐		Sr(OH)$_2$[①]	9×10^{-4}	Cd$_3$(PO$_4$)$_2$[②]	2.53×10^{-33}
Ag$_2$CO$_3$	8.45×10^{-12}	Zn(OH)$_2$[①]	1.2×10^{-17}	Cu$_3$(PO$_4$)$_2$	1.40×10^{-37}
BaCO$_3$[①]	5.1×10^{-9}	**草酸盐**		FePO$_4$·2H$_2$O	9.91×10^{-16}
CaCO$_3$	3.36×10^{-9}	Ag$_2$C$_2$O$_4$	5.4×10^{-12}	MgNH$_4$PO$_4$[①]	2.5×10^{-13}
CdCO$_3$	1.0×10^{-12}	BaC$_2$O$_4$[①]	1.6×10^{-7}	Mg$_3$(PO$_4$)$_2$	1.04×10^{-24}
CuCO$_3$[①]	1.4×10^{-10}	CaC$_2$O$_4$·H$_2$O[①]	4×10^{-9}	Pb$_3$(PO$_4$)$_2$[①]	8.0×10^{-43}
FeCO$_3$	3.13×10^{-11}	CuC$_2$O$_4$[①]	4.43×10^{-10}	Zn$_3$(PO$_4$)$_2$[①]	9.0×10^{-33}
Hg$_2$CO$_3$	3.6×10^{-17}	FeC$_2$O$_4$·2H$_2$O[①]	3.2×10^{-7}	**其他盐**	
MgCO$_3$	6.82×10^{-6}	Hg$_2$C$_2$O$_4$	1.75×10^{-13}	[Ag$^+$][Ag(CN)$_2^-$][①]	7.2×10^{-11}
MnCO$_3$	2.24×10^{-11}	MgC$_2$O$_4$·2H$_2$O	4.83×10^{-6}	Ag$_4$[Fe(CN)$_6$][①]	1.6×10^{-41}
NiCO$_3$	1.42×10^{-7}	MnC$_2$O$_4$·2H$_2$O	1.70×10^{-7}	Cu$_2$[Fe(CN)$_6$][①]	1.3×10^{-16}
PbCO$_3$	7.4×10^{-14}	PbC$_2$O$_4$[②]	8.51×10^{-10}	AgSCN	1.03×10^{-12}
SrCO$_3$	5.6×10^{-10}	SrC$_2$O$_4$·H$_2$O[①]	1.6×10^{-7}	CuSCN	4.8×10^{-15}
ZnCO$_3$	1.46×10^{-10}	ZnC$_2$O$_4$·2H$_2$O	1.38×10^{-9}	AgBrO$_3$	5.3×10^{-5}
铬酸盐		**硫酸盐**		AgIO$_3$[①]	3.0×10^{-8}
Ag$_2$CrO$_4$	1.12×10^{-12}	Ag$_2$SO$_4$	1.4×10^{-5}	Cu(IO$_3$)$_2$·H$_2$O	7.4×10^{-8}
Ag$_2$Cr$_2$O$_7$[①]	2.0×10^{-7}	BaSO$_4$	1.1×10^{-10}	KHC$_4$H$_4$O$_6$(酒石酸氢钾)[②]	3×10^{-4}
BaCrO$_4$[①]	1.2×10^{-10}	CaSO$_4$	9.1×10^{-6}	Al(8-羟基喹啉)$_3$[②]	5×10^{-33}
CaCrO$_4$[①]	7.1×10^{-4}	Hg$_2$SO$_4$	6.5×10^{-7}	K$_2$Na[Co(NO$_2$)$_6$]·H$_2$O[②]	2.2×10^{-11}
CuCrO$_4$[①]	3.6×10^{-6}	PbSO$_4$	1.6×10^{-8}	Na(NH$_4$)$_2$[Co(NO$_2$)$_6$][①]	4×10^{-12}
Hg$_2$CrO$_4$[①]	2.0×10^{-9}	SrSO$_4$	3.2×10^{-7}	Ni(丁二酮肟)$_2$[②]	4×10^{-24}
PbCrO$_4$[①]	2.8×10^{-13}	**硫化物**		Mg(8-羟基喹啉)$_2$[②]	4×10^{-16}
SrCrO$_4$[①]	2.2×10^{-5}	Ag$_2$S	6.3×10^{-50}	Zn(8-羟基喹啉)$_2$[②]	5×10^{-25}

① 摘自 J. A. Dean Ed. Lange's Handbook of Chemistry, 13th. edition 1985。

② 摘自其他参考书。

注：摘自 David R. Lide, Handbook of Chemistry and Physics, 78th. edition, 1997-1998。

170

9 标准电极电势（298K）

（1）在酸性溶液中

电 对	方 程 式	ε/V
Ba（Ⅱ）—（0）	$Ba^{2+}+2e^-\rightleftharpoons Ba$	-2.912
Ca（Ⅱ）—（0）	$Ca^{2+}+2e^-\rightleftharpoons Ca$	-2.868
Zn（Ⅱ）—（0）	$Zn^{2+}+2e^-\rightleftharpoons Zn$	-0.7618
Mg（Ⅱ）—（0）	$Mg^{2+}+2e^-\rightleftharpoons Mg$	-2.372
Al（Ⅲ）—（0）	$AlF_6^{3-}+3e^-\rightleftharpoons Al+6F^-$	-2.069
Mn（Ⅱ）—（0）	$Mn^{2+}+2e^-\rightleftharpoons Mn$	-1.185
* C（Ⅳ）—（Ⅲ）	$2CO_2+2H^++2e^-\rightleftharpoons H_2C_2O_4$	-0.49
Hg（Ⅰ）—（0）	$Hg_2I_2+2e^-\rightleftharpoons 2Hg+2I^-$	-0.0405
Cd（Ⅱ）—（0）	$Cd^{2+}+2e^-\rightleftharpoons Cd$	-0.4030
Ag（Ⅰ）—（0）	$AgI+e^-\rightleftharpoons Ag+I^-$	-0.15224
Ag（Ⅰ）—（0）	$AgBr+e^-\rightleftharpoons Ag+Br^-$	0.07133
Pb（Ⅱ）—（0）	$PbSO_4+2e^-\rightleftharpoons Pb+SO_4^{2-}$	-0.3588
Pb（Ⅱ）—（0）	$PbI_2+2e^-\rightleftharpoons Pb+2I^-$	-0.365
Pb（Ⅱ）—（0）	$PbCl_2+2e^-\rightleftharpoons Pb+2Cl^-$	-0.2675
Pb（Ⅱ）—（0）	$Pb^{2+}+2e^-\rightleftharpoons Pb$	-0.1262
Sn（Ⅱ）—（0）	$Sn^{2+}+2e^-\rightleftharpoons Sn$	-0.1375
Fe（Ⅱ）—（0）	$Fe^{2+}+2e^-\rightleftharpoons Fe$	-0.447
Fe（Ⅲ）—（0）	$Fe^{3+}+3e^-\rightleftharpoons Fe$	-0.037
Fe（Ⅲ）—（Ⅱ）	$Fe^{3+}+e^-\rightleftharpoons Fe^{2+}$	0.771
H（Ⅰ）—（0）	$2H^++2e^-\rightleftharpoons H_2$	0.0000
S（Ⅱ.Ⅴ）—（Ⅱ）	$S_4O_6^{2-}+2e^-\rightleftharpoons 2S_2O_3^{2-}$	0.08
S（0）—（-Ⅱ）	$S+2H^++2e^-\rightleftharpoons H_2S(aq)$	0.142
S（Ⅵ）—（Ⅳ）	$SO_4^{2-}+4H^++2e^-\rightleftharpoons H_2SO_3+H_2O$	0.172
Cu（Ⅱ）—（Ⅰ）	$Cu^{2+}+e^-\rightleftharpoons Cu^+$	0.153
Cu（Ⅱ）—（0）	$Cu^{2+}+2e^-\rightleftharpoons Cu$	0.3419
Cu（Ⅰ）—（0）	$Cu^++e^-\rightleftharpoons Cu$	0.521
Cu（Ⅱ）—（Ⅰ）	$Cu^{2+}+I^-+e^-\rightleftharpoons CuI$	0.86
Ag（Ⅰ）—（0）	$AgCl+e^-\rightleftharpoons Ag+Cl^-$	0.22233
Ag（Ⅰ）—（0）	$Ag_2CrO_4+2e^-\rightleftharpoons 2Ag+CrO_4^{2-}$	0.4470
As（Ⅴ）—（Ⅲ）	$H_3AsO_4+2H^++2e^-\rightleftharpoons HAsO_2+2H_2O$	0.560
As（Ⅲ）—（0）	$HAsO_2+3H^++3e^-\rightleftharpoons As+2H_2O$	0.248
S（Ⅳ）—（0）	$H_2SO_3+4H^++4e^-\rightleftharpoons S+3H_2O$	0.449
O（0）—（-Ⅰ）	$O_2+2H^++2e^-\rightleftharpoons H_2O_2$	0.695
Hg（Ⅱ）—（Ⅰ）	$2Hg^{2+}+2e^-\rightleftharpoons Hg_2^{2+}$	0.920
** Hg（Ⅱ）—（Ⅰ）	$2HgCl_2+2e^-\rightleftharpoons Hg_2Cl_2+2Cl^-$	0.63
Hg（Ⅰ）—（0）	$Hg_2^{2+}+2e^-\rightleftharpoons 2Hg$	0.7973
Hg（Ⅰ）—（0）	$Hg_2Cl_2+2e^-\rightleftharpoons 2Hg+2Cl^-$（饱和 KCl）	0.26808
Hg（Ⅱ）—（0）	$Hg^{2+}+2e^-\rightleftharpoons Hg$	0.851
Si（Ⅳ）—（0）	$(quartz)SiO_2+4H^++4e^-\rightleftharpoons Si+2H_2O$	0.857
Ag（Ⅰ）—（0）	$Ag^++e^-\rightleftharpoons Ag$	0.7996
I（Ⅰ）—（-Ⅰ）	$HIO+H^++2e^-\rightleftharpoons I^-+H_2O$	0.987
I（0）—（-Ⅰ）	$I_2+2e^-\rightleftharpoons 2I^-$	0.5355
N（Ⅴ）—（Ⅱ）	$NO_3^-+4H^++3e^-\rightleftharpoons NO+2H_2O$	0.957

电 对	方 程 式	ε/V
$N(\text{III})-(\text{II})$	$HNO_2+H^++e^- \rightleftharpoons NO+H_2O$	0.983
$I(V)-(0)$	$2IO_3^-+12H^++10e^- \rightleftharpoons I_2+6H_2O$	1.195
$I(V)-(-\text{I})$	$IO_3^-+6H^++6e^- \rightleftharpoons I^-+3H_2O$	1.085
$I(\text{I})-(0)$	$2HIO+2H^++2e^- \rightleftharpoons I_2+2H_2O$	1.439
$Se(\text{VI})-(\text{VI})$	$SeO_4^{2-}+4H^++2e^- \rightleftharpoons H_2SeO_3+H_2O$	1.151
$Cl(V)-(\text{VI})$	$ClO_3^-+2H^++e^- \rightleftharpoons ClO_2+H_2O$	1.152
$Mn(\text{IV})-(\text{II})$	$MnO_2+4H^++2e^- \rightleftharpoons Mn^{2+}+2H_2O$	1.224
$Cl(\text{VII})-(V)$	$ClO_4^-+2H^++2e^- \rightleftharpoons ClO_3^-+H_2O$	1.189
$Cl(0)-(-\text{I})$	$Cl_2(g)+2e^- \rightleftharpoons 2Cl^-$	1.358
$O(0)-(-\text{II})$	$O_2+4H^++4e^- \rightleftharpoons 2H_2O$	1.229
$Br(\text{I})-(-\text{I})$	$HBrO+H^++2e^- \rightleftharpoons Br^-+H_2O$	1.331
$**Cr(\text{VI})-(\text{III})$	$Cr_2O_7^{2-}+14H^++6e^- \rightleftharpoons 2Cr^{3+}+7H_2O$	1.33
$Br(V)-(0)$	$BrO_3^-+6H^++5e^- \rightleftharpoons 1/2Br_2+3H_2O$	1.482
$Br(\text{I})-(0)$	$HBrO+H^++e^- \rightleftharpoons 1/2Br_2(aq)+H_2O$	1.574
$Br(V)-(-\text{I})$	$BrO_3^-+6H^++6e^- \rightleftharpoons Br^-+3H_2O$	1.423
$Br(0)-(-\text{I})$	$Br_2(aq)+2e^- \rightleftharpoons 2Br^-$	1.0873
$Mn(\text{VII})-(\text{IV})$	$MnO_4^-+4H^++3e^- \rightleftharpoons MnO_2+2H_2O$	1.679
$Mn(\text{VII})-(\text{II})$	$MnO_4^-+8H^++5e^- \rightleftharpoons Mn^{2+}+4H_2O$	1.507
$Cl(\text{III})-(-\text{I})$	$HClO_2+3H^++4e^- \rightleftharpoons Cl^-+2H_2O$	1.570
$Cl(\text{III})-(\text{I})$	$HClO_2+2H^++2e^- \rightleftharpoons HClO+H_2O$	1.645
$Cl(\text{I})-(0)$	$HClO+H^++e^- \rightleftharpoons 1/2Cl_2+H_2O$	1.611
$F(0)-(-\text{I})$	$F_2+2e^- \rightleftharpoons 2F^-$	2.866
$Pb(\text{IV})-(\text{II})$	$PbO_2+SO_4^{2-}+4H^++2e^- \rightleftharpoons PbSO_4+2H_2O$	1.6913
$Co(\text{III})-(\text{II})$	$Co^{3+}+e^- \rightleftharpoons Co^{2+}(2mol \cdot L^{-1}H_2SO_4)$	1.83
$Ce(\text{IV})-(\text{III})$	$Ce^{4+}+e^- \rightleftharpoons Ce^{3+}$	1.72
$N(\text{I})-(0)$	$N_2O+2H^++2e^- \rightleftharpoons N_2+H_2O$	1.766
$O(-\text{I})-(-\text{II})$	$H_2O_2+2H^++2e^- \rightleftharpoons 2H_2O$	1.776
$O(0)-(-\text{II})$	$O(g)+2H^++2e^- \rightleftharpoons H_2O$	2.421
$S(\text{VII})-(\text{VI})$	$S_2O_8^{2-}+2e^- \rightleftharpoons 2SO_4^{2-}$	2.010

（2）在碱性溶液中

电 对	方 程 式	ε/V
$Ca(\text{II})-(0)$	$Ca(OH)_2+2e^- \rightleftharpoons Ca+2OH^-$	-3.02
$Ba(\text{II})-(0)$	$Ba(OH)_2+2e^- \rightleftharpoons Ba+2OH^-$	-2.99
$Mg(\text{II})-(0)$	$Mg(OH)_2+2e^- \rightleftharpoons Mg+2OH^-$	-2.690
$Zr(\text{IV})-(0)$	$H_2ZrO_3+H_2O+4e^- \rightleftharpoons Zr+4OH^-$	-2.36
$Al(\text{III})-(0)$	$H_2AlO_3^-+H_2O+3e^- \rightleftharpoons Al+OH^-$	-2.33
$P(\text{I})-(0)$	$H_2PO_2^-+e^- \rightleftharpoons P+2OH^-$	-1.82
$B(\text{III})-(0)$	$H_2BO_3^-+H_2O+3e^- \rightleftharpoons B+4OH^-$	-1.79
$P(\text{III})-(0)$	$HPO_3^-+2H_2O+3e^- \rightleftharpoons P+5OH^-$	-1.71
$Si(\text{IV})-(0)$	$SiO_3^-+3H_2O+4e^- \rightleftharpoons Si+6OH^-$	-1.697
$Zn(\text{II})-(0)$	$Zn(OH)_2+2e^- \rightleftharpoons Zn+2OH^-$	-1.249

电　对	方　程　式	ε/V
Mn(Ⅱ)—(0)	$Mn(OH)_2+2e^-\rightleftharpoons Mn+2OH^-$	-1.56
Cr(Ⅲ)—(0)	$Cr(OH)_3+3e^-\rightleftharpoons Cr+3OH^-$	-1.48
* Zn(Ⅱ)—(0)	$[Zn(CN)_4]^{2-}+2e^-\rightleftharpoons Zn+4CN^-$	-1.26
Zn(Ⅱ)—(0)	$ZnO_2{}^{2-}+2H_2O+2e^-\rightleftharpoons Zn+4OH^-$	-1.215
Cr(Ⅲ)—(0)	$CrO_2^-+2H_2O+3e^-\rightleftharpoons Cr+4OH^-$	-1.2
* Zn(Ⅱ)—(0)	$[Zn(NH_3)_4]^{2+}+2e^-\rightleftharpoons Zn+4NH_3$	-1.04
Sn(Ⅳ)—(Ⅱ)	$[Sn(OH)_6]^{2-}+2e^-\rightleftharpoons HSnO_2^-+H_2O+3OH^-$	-0.93
S(Ⅵ)—(Ⅳ)	$SO_4^{2-}+H_2O+2e^-\rightleftharpoons SO_3^{2-}+2OH^-$	-0.93
Se(0)—(−Ⅱ)	$Se+2e^-\rightleftharpoons Se^{2-}$	-0.924
Sn(Ⅱ)—(0)	$HSnO_2^-+H_2O+2e^-\rightleftharpoons Sn+3OH^-$	-0.909
Cu(Ⅰ)—(0)	$Cu_2O+H_2O+2e^-\rightleftharpoons 2Cu+2OH^-$	-0.360
* S(Ⅳ)—(Ⅱ)	$2SO_3^{2-}+3H_2O+4e^-\rightleftharpoons S_2O_3^{2-}+6OH^-$	-0.58
H(Ⅰ)—(0)	$2H_2O+2e^-\rightleftharpoons H_2+2OH^-$	-0.8277
Cd(Ⅱ)—(0)	$Cd(OH)_2+2e^-\rightleftharpoons Cd(Hg)+2OH^-$	-0.809
Co(Ⅱ)—(0)	$Co(OH)_2+2e^-\rightleftharpoons Co+2OH^-$	-0.73
Ni(Ⅱ)—(0)	$Ni(OH)_2+2e^-\rightleftharpoons Ni+2OH^-$	-0.72
As(Ⅴ)—(Ⅲ)	$AsO_4^{3-}+2H_2O+2e^-\rightleftharpoons AsO_2^-+4OH^-$	-0.71
Ag(Ⅰ)—(0)	$Ag_2S+2e^-\rightleftharpoons 2Ag+S^{2-}$	-0.691
As(Ⅲ)—(0)	$AsO_2^-+2H_2O+3e^-\rightleftharpoons As+4OH^-$	-0.68
Fe(Ⅲ)—(Ⅱ)	$Fe(OH)_3+e^-\rightleftharpoons Fe(OH)_2+OH^-$	-0.56
S(0)—(−Ⅱ)	$S+2e^-\rightleftharpoons S^{2-}$	-0.47627
Bi(Ⅲ)—(0)	$Bi_2O_3+3H_2O+6e^-\rightleftharpoons 2Bi+6OH^-$	-0.46
N(Ⅲ)—(Ⅱ)	$NO_2^-+H_2O+e^-\rightleftharpoons NO+2OH^-$	-0.46
* Co(Ⅱ)—C(0)	$[Co(NH_3)_6]^{2+}+2e^-\rightleftharpoons Co+6NH_3$	-0.422
Se(Ⅳ)—(0)	$SeO_3^{2-}+3H_2O+4e^-\rightleftharpoons Se+6OH^-$	-0.366
* Ag(Ⅰ)—(0)	$[Ag(CN)_2]^-+e^-\rightleftharpoons Ag+2CN^-$	-0.31
Cu(Ⅱ)—(0)	$Cu(OH)_2+2e^-\rightleftharpoons Cu+2OH^-$	-0.222
Cr(Ⅵ)—(Ⅲ)	$CrO_4^{2-}+4H_2O+3e^-\rightleftharpoons Cr(OH)_3+5OH^-$	-0.13
Ag(Ⅰ)—(0)	$AgCN+e^-\rightleftharpoons Ag+CN^-$	-0.017
N(Ⅴ)—(Ⅲ)	$NO_3^-+H_2O+2e^-\rightleftharpoons NO_2^-+2OH^-$	0.01
S(Ⅱ,Ⅴ)—(Ⅱ)	$S_4O_6^{2-}+2e^-\rightleftharpoons 2S_2O_3^{2-}$	0.08
Hg(Ⅱ)—(0)	$HgO+H_2O+2e^-\rightleftharpoons Hg+2OH^-$	0.0977
Co(Ⅲ)—(Ⅱ)	$[Co(NH_3)_6]^{3+}+e^-\rightleftharpoons [Co(NH_3)_6]^{2+}$	0.108
Pt(Ⅱ)—(0)	$Pt(OH)_2+2e^-\rightleftharpoons Pt+2OH^-$	0.14
Co(Ⅲ)—(Ⅱ)	$Co(OH)_3+e^-\rightleftharpoons Co(OH)_2+OH^-$	0.17
Pb(Ⅳ)—(Ⅱ)	$PbO_2+H_2O+2e^-\rightleftharpoons PbO+2OH^-$	0.247
I(Ⅴ)—(−Ⅰ)	$IO_3^-+3H_2O+6e^-\rightleftharpoons I^-+6OH^-$	0.26

电　对	方　程　式	ε/V
Cl(V)－(Ⅲ)	$ClO_3^- + H_2O + 2e^- \rightleftharpoons ClO_2^- + 2OH^-$	0.33
I(Ⅰ)－(－Ⅰ)	$IO^- + H_2O + 2e^- \rightleftharpoons I^- + 2OH^-$	0.485
Fe(Ⅲ)－(Ⅱ)	$[Fe(CN)_6]^{3-} + e^- \rightleftharpoons [Fe(CN)_6]^{4-}$	0.358
Cl(Ⅶ)－(V)	$ClO_4^- + H_2O + 2e^- \rightleftharpoons ClO_3^- + 2OH^-$	0.36
* Ag(Ⅰ)－(0)	$[Ag(NH_3)_2]^+ + e^- \rightleftharpoons Ag + 2NH_3$	0.373
O(0)－(－Ⅱ)	$O_2 + 2H_2O + 4e^- \rightleftharpoons 4OH^-$	0.401
Mn(Ⅶ)－(Ⅵ)	$MnO_4^- + e^- \rightleftharpoons MnO_4^{2-}$	0.558
Mn(Ⅶ)－(Ⅳ)	$MnO_4^- + 2H_2O + 3e^- \rightleftharpoons MnO_2 + 4OH^-$	0.595
Mn(Ⅵ)－(Ⅳ)	$MnO_4^{2-} + 2H_2O + 2e^- \rightleftharpoons MnO_2 + 4OH^-$	0.60
Ag(Ⅱ)－(Ⅰ)	$2AgO + H_2O + 2e^- \rightleftharpoons Ag_2O + 2OH^-$	0.607
Br(V)－(－Ⅰ)	$BrO_3^- + 3H_2O + 6e^- \rightleftharpoons Br^- + 6OH^-$	0.61
Cl(V)－(－Ⅰ)	$ClO_3^- + 3H_2O + 6e^- \rightleftharpoons Cl^- + 6OH^-$	0.62
Cl(Ⅲ)－(－Ⅰ)	$ClO_2^- + 2H_2O + 4e^- \rightleftharpoons Cl^- + 4OH^-$	0.76
Br(Ⅰ)－(－Ⅰ)	$BrO^- + H_2O + 2e^- \rightleftharpoons Br^- + 2OH^-$	0.761
Cl(Ⅰ)－(－Ⅰ)	$ClO^- + H_2O + 2e^- \rightleftharpoons Cl^- + 2OH^-$	0.841
O(0)－(－Ⅱ)	$O_3 + H_2O + 2e^- \rightleftharpoons O_2 + 2OH^-$	1.24

10　常见配离子的稳定常数（18～25℃）

配离子	$K_f^\ominus$	$\lg K_f^\ominus$	配离子	$K_f^\ominus$	$\lg K_f^\ominus$
$[NaY]^{3-}$	5.0×10^1	1.69	$[NiY]^-$	4.1×10^{18}	18.61
$[AgY]^{3-}$	2.0×10^7	7.30	$[FeY]^-$	1.2×10^{25}	25.07
$[CuY]^{2-}$	6.8×10^{18}	18.79	$[CoY]^-$	1.0×10^{36}	36.00
$[MgY]^{2-}$	4.9×10^8	8.69	$[GaY]^-$	1.8×10^{20}	20.25
$[CaY]^{2-}$	3.7×10^{10}	10.56	$[InY]^-$	8.9×10^{24}	24.94
$[SrY]^{2-}$	4.2×10^8	8.62	$[TlY]^-$	3.2×10^{22}	22.51
$[BaY]^{2-}$	6.0×10^7	7.77	$[TlHY]$	1.5×10^{23}	23.17
$[ZnY]^{2-}$	3.1×10^{16}	16.49	$[AgNH_3]^+$	2.0×10^3	3.30
$[CdY]^{2-}$	3.8×10^{16}	16.57	$[Ag(NH_3)_2]^+$	1.1×10^7	7.04
$[HgY]^{2-}$	6.3×10^{21}	21.79	$[Cu(NH_3)_2]^+$	7.4×10^{10}	10.87
$[PbY]^{2-}$	1.0×10^{18}	18.00	$[Cu(CN)_2]^-$	2.0×10^{38}	38.30
$[MnY]^{2-}$	1.0×10^{14}	14.00	$[Ag(NH_3)_2]^+$	1.7×10^7	7.24
$[FeY]^-$	2.1×10^{14}	14.32	$[Ag(En)_2]^+$	7.0×10^7	7.84
$[CoY]^-$	1.6×10^{16}	16.20	$[Ag(NCS)_2]^-$	4.0×10^8	8.60
$[BiY]^-$	8.7×10^{27}	27.94	$Fe(SCN)_3$	4.4×10^5	5.64
$[CrY]^-$	2.5×10^{23}	23.40	FeF_3	1.1×10^{12}	12.04

11 常用化合物的相对分子质量

化合物	相对分子质量	化合物	相对分子质量	化合物	相对分子质量
Ag_3AsO_4	462.52	$Ca(OH)_2$	74.09	$FeCl_3 \cdot 6H_2O$	270.30
$AgBr$	187.77	$Ca_3(PO_4)_2$	310.18	$FeNH_4(SO_4)_2 \cdot 12H_2O$	482.18
$AgCl$	143.32	$CaSO_4$	136.14	$Fe(NO_3)_3$	241.86
$AgCN$	133.89	$CdCO_3$	172.42	$Fe(NO_3)_3-9H_2O$	404.00
$AgSCN$	165.95	$CdCl_2$	183.82	FeO	71.846
Ag_2CrO_4	331.73	CdS	144.47	Fe_2O_3	159.69
AgI	234.77	$Ce(SO_4)_2$	332.24	Fe_3O_4	231.54
$AgNO_3$	169.87	$Ce(SO_4)_2 \cdot 4H_2O$	404.30	$Fe(OH)_3$	106.87
$AlCl_3$	133.34	CH_3COOH	60.052	FeS	87.91
$AlCl_3 \cdot 6H_2O$	241.43	CO_2	44.01	Fe_2S_3	207.87
$Al(NO_3)_3$	213.00	$CoCl_2$	129.84	$FeSO_4$	151.90
$Al(NO_3)_3 \cdot 9H_2O$	375.13	$CoCl_2 \cdot 6H_2O$	237.93	$FeSO_4 \cdot 7H_2O$	278.01
Al_2O_3	101.96	$Co(NO_3)_2$	182.94	$Fe(NH_4)_2(SO_4)_2 \cdot 6H_2O$	392.125
$Al(OH)_3$	78.00	$Co(NO_3)_2 \cdot 6H_2O$	291.03		
$Al_2(SO_4)_3$	342.14	CoS	90.99	H_3AsO_3	125.94
$Al_2(SO_4)_3 \cdot 18H_2O$	666.41	$CoSO_4$	154.99	H_3AsO_4	141.94
As_2O_3	197.84	$CoSO_4 \cdot 7H_2O$	281.10	H_3BO_3	61.88
As_2O_5	229.84	$CO(NH_2)_2$	60.06	HBr	80.912
As_2S_3	246.02	$CrCl_3$	158.35	HCN	27.026
		$CrCl_3 \cdot 6H_2O$	266.45	$HCOOH$	46.026
$BaCO_3$	197.34	$Cr(NO_3)_3$	238.01	H_2CO_3	62.025
BaC_2O_4	225.35	Cr_2O_3	151.99	$H_2C_2O_4$	90.035
$BaCl_2$	208.24	$CuCl$	98.999	$H_2C_2O_4 \cdot 2H_2O$	126.07
$BaCl_2 \cdot 2H_2O$	244.27	$CuCl_2$	134.45	HCl	36.461
$BaCrO_4$	253.32	$CuCl_2 \cdot 2H_2O$	170.48	HF	20.006
BaO	153.33	$CuSCN$	121.62	HI	127.91
$Ba(OH)_2$	171.34	CuI	190.45	HIO_3	175.91
$BaSO_4$	233.39	$Cu(NO_3)_2$	187.56	HNO_3	63.013
$BiCl_3$	315.34	CuO	79.545	HNO_2	47.013
$BiOCl$	260.43	Cu_2O	143.09	H_2O	18.015
		CuS	95.61	H_2O_2	34.015
CaO	56.08	$CuSO_4$	159.60	H_3PO_4	97.995
$CaCO_3$	100.09	$CuSO_4 \cdot 5H_2O$	249.68	H_2S	34.08
CaC_2O_4	128.10			H_2SO_3	82.07
$CaCl_2$	110.99	$FeCl_2$	126.75	H_2SO_4	98.07
$CaCl_2 \cdot 6H_2O$	219.08	$FeCl_2 \cdot 4H_2O$	198.81	$Hg(CN)_2$	252.63
$Ca(NO_3)_2 \cdot 4H_2O$	236.15	$FeCl_3$	162.21	$HgCl_2$	271.50

化合物	相对分子质量	化合物	相对分子质量	化合物	相对分子质量
Hg_2Cl_2	472.09	$MgCO_3$	84.314	$NaCN$	49.007
HgI_2	454.40	$MgCl_2$	95.211	$NaSCN$	81.07
$Hg_2(NO_3)_2$	525.19	$MgCl_2 \cdot 6H_2O$	203.30	Na_2CO_3	105.99
$Hg_2(NO_3)_2 \cdot 2H_2O$	561.22	MgC_2O_4	112.33	$Na_2CO_3 \cdot 10H_2O$	286.14
$Hg(NO_3)_2$	324.60	$Mg(NO_3)_2 \cdot 6H_2O$	256.41	$Na_2C_2O_4$	134.00
HgO	216.59	$MgNH_4PO_4$	137.32	CH_3COONa	82.034
HgS	232.65	MgO	40.304	$CH_3COONa \cdot 3H_2O$	136.08
$HgSO_4$	296.65	$Mg(OH)_2$	58.32	$NaCl$	58.443
Hg_2SO_4	497.24	$MgSO_4 \cdot 7H_2O$	246.47	$NaClO$	74.442
		$MnCO_3$	114.95	$NaHCO_3$	84.007
$KAl(SO_4)_2 \cdot 12H_2O$	474.38	$MnCl_2 \cdot 4H_2O$	197.91	$Na_2HPO_4 \cdot 12H_2O$	358.14
KBr	119.00	$Mn(NO_3)_2 \cdot 6H_2O$	287.04	$Na_2H_2Y \cdot 2H_2O$	372.24
$KBrO_3$	167.00	MnO	70.937	$NaNO_2$	68.995
KCl	74.551	MnO_2	86.937	$NaNO_3$	84.995
$KClO_3$	122.55	MnS	87.00	Na_2O	61.979
$KClO_4$	138.55	$MnSO_4$	151.00	Na_2O_2	77.978
KCN	65.116	$MnSO_4 \cdot 4H_2O$	223.06	$NaOH$	39.997
$KSCN$	97.18			Na_3PO_4	163.94
K_2CO_3	138.21	NO	30.006	Na_2S	78.04
K_2CrO_4	194.19	NO_2	46.066	$Na_2S \cdot 9H_2O$	240.18
$K_2Cr_2O_7$	294.18	NH_3	17.03	Na_2SO_3	126.04
$K_3Fe(CN)_6$	329.25	CH_3COONH_4	77.083	Na_2SO_4	142.04
$K_4Fe(CN)_6$	368.35	NH_4Cl	53.491	$Na_2S_2O_3$	158.10
$KFe(SO_4)_2 \cdot 12H_2O$	503.24	$(NH_4)_2CO_3$	96.086	$Na_2S_2O_3 \cdot 5H_2O$	248.17
$KHC_4H_4O_6$	188.18	$(NH_4)_2C_2O_4$	124.10	$NiCl_2 \cdot 6H_2O$	237.69
$KHC_8H_4O_4$	204.22	$(NH_4)_2C_2O_4 \cdot H_2O$	142.11	NiO	74.69
$KHSO_4$	136.16	NH_4SCN	76.12	$Ni(NO_3)_2 \cdot 6H_2O$	290.79
KI	166.00	NH_4HCO_3	79.055	NiS	90.75
KIO_3	214.00	$(NH_4)_2MoO_4$	196.01	$NiSO_4 \cdot 7H_2O$	280.85
$KIO_3 \cdot HIO_3$	389.91	NH_4NO_3	80.043		
$KMnO_4$	158.03	$(NH_4)_2HPO_4$	132.06	P_2O_5	141.94
$KNaC_4H_4O_6 \cdot 4H_2O$	282.22	$(NH_4)_2S$	68.14	$PbCO_3$	267.20
KNO_3	101.10	$(NH_4)_2SO_4$	132.13	PbC_2O_4	295.22
KNO_2	85.104	Na_3AsO_3	191.89	$PbCl_2$	278.10
K_2O	94.196	$Na_2B_4O_7$	201.22	$PbCrO_4$	323.20
KOH	56.106	$Na_2B_4O_7 \cdot 10H_2O$	381.37	$Pb(CH_3COO)_2$	325.30
K_2SO_4	172.25	$NaBiO_3$	279.97	$Pb(CH_3COO)_2 \cdot 3H_2O$	379.30

176

参 考 文 献

[1] 北京大学化学与分子工程学院分析化学教学组. 基础分析化学实验. 3 版. 北京：北京大学出版社，2010.

[2] 金谷，等. 分析化学实验. 北京：中国科学技术大学出版社，2010.

[3] 《无机及分析化学实验》编写组. 无机及分析化学实验. 武汉：武汉大学出版社，2001.

[4] 武汉大学主编. 分析化学实验. 4 版. 北京：高等教育出版社，2001.

[5] 张春荣，等. 基础化学实验. 2 版. 北京：科学出版社，2007.

[6] 孙英. 分析化学实验. 北京：中国农业大学出版社，2009.

[7] 任丽萍，毛富春. 无机及分析化学实验. 北京：高等教育出版社，2006.

[8] 孙英，等. 普通化学实验. 2 版. 北京：中国农业大学出版社，2009.

[9] 孙毓庆. 分析化学. 北京：科学出版社，2006.

[10] 揭念琴. 基础化学. 2 版. 北京：科学出版社，2007.

[11] 彭崇慧，冯建章，张锡瑜. 分析化学：定量化学分析简明教程. 3 版. 北京：北京大学出版社，2009.

[12] 武汉大学等五校合编. 分析化学. 5 版. 北京：高等教育出版社，2006.

[13] 何庆元. 萃取-分光光度法测定天然 β-胡萝卜素口服液的含量. 中国药科大学学报，1996，27 (5)：310-312.

[14] 涂小红. EDTA 容量法测定锌合金中的铝量. 福建分析测试，2009，18 (3)：52-54.